Mentale Gesundheit

Wie wir entspannt unsere Leistungsfähigkeit erhalten

Antje Heimsoeth

So nutzen Sie dieses Buch

Die folgenden Elemente erleichtern Ihnen die Orientierung im Buch:

Beispiele und Übungen
In diesem Buch finden Sie zahlreiche Beispiele, die das Gesagte illustrieren. Übungen regen Sie dazu an, das Gelesene umzusetzen.

Definitionen
Hier werden Begriffe kurz und knapp erläutert.

Die Merkkästen enthalten Empfehlungen und hilfreiche Tipps.

Auf den Punkt gebracht

Am Ende jedes Kapitels finden Sie eine kurze Zusammenfassung des behandelten Themas.

Aus Gründen der besseren Lesbarkeit wird die männliche Form verwendet. Entsprechende Begriffe gelten im Sinne der Gleichbehandlung grundsätzlich für alle Geschlechter. Die verkürzte Sprachform hat ausschließlich redaktionelle Gründe und beinhaltet keinerlei Wertung.

Inhalt

Vorwort 5

Mentale Gesundheit 9

Was ist das überhaupt? 9
Warum mentale Gesundheit uns alle angeht 15
Warum mentale Gesundheit für jeden wichtig ist 18
Was konkret dazugehört 27
Warum sie ein Thema für Arbeitgeber ist 40
Förderliche Eigenschaften 43

Persönliches Wohlbefinden 49

Seelische Zufriedenheit 49
Was Stress mit uns macht 53
Entspannung als Basis für Leistungsfähigkeit 56
Atmung, Schlaf und innere Bilder 67
Digital Detox 78
Gelingende Beziehungen gestalten 83

Mentale Stärke trainieren 87

Die Einstellung macht den Unterschied 87
Zwischen Glück und Traurigkeit 90
Wie unser Gehirn mental wächst 96
Dankbar sein 109

Mentale Gesundheit am Arbeitsplatz 117

Beruf und Karriere sind nur ein Teil unseres Lebens 117

Das Homeoffice und seine Tücken 119

Wenn das Leben von der Arbeit bestimmt wird 127

Ein Plädoyer für den Montag 130

Quellen- und Literaturverzeichnis 133

Endnoten 139

Stichwortverzeichnis 141

Die Autorin 143

Vorwort

„Weil ich einfach erschöpft bin, weil ich einfach müde bin, weil ich keine Kraft mehr habe." Ob Fußballfan oder nicht – der emotionale Abschied des Gladbacher Sportdirektors Max Eberl im Januar 2022 vor laufender Kamera ging unter die Haut. Für seine Ehrlichkeit und Offenheit, die Bereitschaft, seinen Seelenzustand in aller Öffentlichkeit nach außen zu drehen, gebührt Eberl jeglicher Respekt. Zugleich macht es nachdenklich. Ängste, Hilflosigkeit, Wut, Ärger, Frustration, Sorge sind keine neuen Phänomene. Was neu ist, sind die Umstände, denen wir ausgesetzt sind: eine sich zunehmend schneller drehende Welt, Kriege, Krisen, dauerhafte Erreichbarkeit, Unsicherheit, Digitalisierung.

Vielleicht stellen auch Sie sich immer öfter die Frage: Was kann ich persönlich für meine Gesundheit, nicht nur körperlich, sondern vor allem geistig tun? Wie halte ich mich mental fit und stark?

Oder vielmehr, was kann ich dagegen tun? Gegen die Erschöpfung, Überforderung, starke Belastung und gegen die Kraftlosigkeit? Für mich selbst und für andere. Gerade Führungskräfte sind hier mehrfach gefragt: Wie können geschaffene Strukturen Teams und Mitarbeiter vor Überforderung oder einem Burn-out schützen? Stichwort Prävention. Oft sind sich Menschen gar nicht bewusst, dass sie Gefahr laufen auszubrennen. „Das dauert nur, bis Projekt XY abgeschlossen oder die Urlaubszeit vorüber ist." Das kann bereits ein Warnzeichen sein. Der Grat ist schmal. Aktives „Hin"hören hilft erste Anzeichen zu erkennen und Schlimmeres zu verhindern. Ebenso Führungskräfte, die empathisch sind, die nicht bagatellisieren und Floskeln nutzen, wenn Mitarbeiter Angst haben, einfach „nicht mehr können“, sondern sagen: „Ich sehe dich damit!“ und „Was kann ich tun?“

Eine wichtige Frage ist auch: Wie kann Betroffenen geholfen werden, wenn die Erschöpfung bereits die Oberhand gewonnen hat? Und wie verlieren wir uns dabei selbst nicht aus dem Blick? Natürlich können Führungskräfte keine Therapeuten ersetzen. Diagnose und Behandlung sollten Experten überlassen bleiben. Ab einem gewissen Punkt sind Führungskräften die Hände gebunden. Wenn es nur noch mit professioneller Betreuung geht, ist das einzige Instrument, das Vorgesetzte haben, Mitarbeitern den Rücken freizuhalten und Zeit zu geben. Meine Empfehlung: Schaffen Sie vor Tag X die nötigen Strukturen und treffen Sie Maßnahmen, damit Betroffene (das können auch Sie selbst sein) ohne Druck und schlechtes Gewissen „abschalten“ und gesunden können.

Eine erste Idee: Was mir persönlich (und vielen anderen) im Alltag hilft, ist, Erfolge zu feiern. Dabei geht es nicht um die große Sause angesichts des Abschlusses eines riesigen Projekts oder eines lukrativen Auftrags. Ganz klar, das können und sollen durchaus Gründe zur Freude sein. Aber schauen wir uns lieber unser tägliches Tun einmal etwas genauer an. Konzentrieren Sie sich nicht nur auf die großen Meilensteine, sondern widmen Sie auch wichtigen Etappenzielen oder vermeintlich kleinen Erlebnissen Ihre volle Aufmerksamkeit. Fragen Sie sich: „Was ist mir in den letzten Tagen positiv aufgefallen?“ Im Team, im Umgang mit Kunden oder auch in der Familie? Sich selbst auf die Schulter klopfen, weil etwas gut funktioniert hat, nochmals alleine oder gemeinsam mit einem Freund auf die Erfolge und tollen Ereignisse der Woche, des Tages oder der letzten Besprechung zurückblicken.

Probieren Sie es aus – Es wirkt. Und lassen Sie dann Ihr Umfeld teilhaben: Fragen Sie nach, was Gutes passiert ist, was jeder Einzelne oder das Team bzw. die Familie miteinander erreicht hat. Blicken Sie nach vorne: Auf das, worauf es sich lohnt, es mit (Vor-)Freude zu erwarten. Ich wünsche Ihnen, Max Eberl und mir selbst jede Menge Energie und Achtsamkeit, um die mentale Gesundheit nicht aus dem Blick zu verlieren und täglich dafür einzustehen – zum Selbstzweck und für alle anderen.

Antje Heimsoeth

Mentale Gesundheit

Die mentale Gesundheit umfasst unser emotionales, psychologisches und soziales Wohlbefinden. Sie beeinflusst, wie wir denken, fühlen und handeln. Sie bestimmt, wie wir mit Stress und Druck umgehen und welche Entscheidungen wir treffen. Mentale Gesundheit ist in jeder Phase des Lebens wichtig. In diesem Kapitel lesen Sie mehr zu:

- Was versteht man unter mentaler Gesundheit.
- Warum sie für jeden wichtig ist und alle angeht.
- Was jeder dazutun kann, damit sich Menschen (miteinander) wohlfühlen und (zusammen) mental stark sein können.

Was ist das überhaupt?

Gesamtheitlich wird Gesundheit von der WHO (Weltgesundheitsorganisation) seit 1948 als „ein Zustand des vollständigen körperlichen, geistigen und des sozialen Wohlbefindens und nicht nur das Fehlen von Krankheit oder Gebrechen" definiert. Auch auf die Fragen „Was ist mentale Gesundheit?" sowie „Was macht psychische Gesundheit aus?" liefert die WHO im Jahr 2019 eine Definition:

Definition

Gesundheit ist ein Zustand des Wohlbefindens, in dem eine Person ihre Fähigkeiten ausschöpfen, die normalen Lebensbelastungen bewältigen, produktiv arbeiten und einen Beitrag zu ihrer Gemeinschaft leisten kann.

Im Juni 2022 betitelt die Tagesschau schließlich aufgrund eines WHO-Berichts „Mehr psychische Krankheiten durch Corona".

Was wir alle befürchtet haben, ist eingetreten. Wochenlanger Lockdown und monatelange Einschränkungen haben ihre Spuren hinterlassen: „Die Corona-Pandemie hat zu einem starken Anstieg einiger psychischer Krankheiten geführt. Laut einem neuen Bericht über mentale Gesundheit der Weltgesundheitsorganisation sind die Fälle von Depressionen und Angststörungen weltweit allein im ersten Pandemiejahr um 25 Prozent gestiegen. Demnach leben fast eine Milliarde Menschen mit einer psychischen Krankheit. […] In Deutschland erfüllt mehr als jeder vierte Erwachsene im Zeitraum eines Jahres die Kriterien einer psychischen Erkrankung, wie die Fachgesellschaft Deutsche Gesellschaft für Psychiatrie und Psychotherapie, Psychosomatik und Nervenheilkunde – kurz DGPPN – berichtet. Nach ihren Angaben zählen zu den häufigsten Krankheitsbildern Angststörungen, Depressionen und Störungen durch Alkohol- oder Medikamentengebrauch."[1]

Die Hinweise mehren sich, wie gefährdet unsere mentale Gesundheit aktuell tatsächlich ist. Laut der Schweizer HR-Plattform Penso sind „Arbeitnehmerinnen und Arbeitnehmer in der Schweiz […] 2022 gleich viel Stress ausgesetzt wie 2020. Der Anteil der emotional Erschöpften hat dabei aber erstmals die 30-Prozent-Marke überschritten." Der Aussage zugrunde liegt der Job-Stress-Index, eine seit 2014 von der Gesundheitsförderung Schweiz in Zusammenarbeit mit der Universität Bern und der Zürcher Hochschule für angewandte Wissenschaften (ZHAW) repräsentativen Befragung von ca. 3.000 Personen zwischen 16 und 65 Jahren. Penso fasst zusammen: „Die Erwerbstätigen [...] berichten über Belastungen, die ihre Ressourcen übersteigen. [...] Neben diesen [...] kamen mit der Coronavirus-Pandemie neue Faktoren hinzu. [...] Das schlägt sich zwar nicht im Index nieder, zeigt aber einen Zusammenhang mit der Gesundheit der Erwerbstätigen, etwa mit der emotionalen Erschöpfung. [...] Alle Faktoren zusammen führen zu einem Rückgang der Produktivität [...]. 14.9 % der Arbeitszeit gehen demnach verloren. Bei einem ausgeglichenen Verhältnis von Belastung und Ressourcen könnte die Schweizer Wirtschaft ihr Potenzial nach Angaben der Gesundheitsförderung um 6.5 Mrd. Franken steigern."[2]

Auch die Bayer AG macht im September 2022 in einem Blog-Beitrag über COVID-19 und die Psyche deutlich: „Mentale Gesundheit darf kein Tabu sein." Dort heißt es u. a.: „Erste wissenschaftliche Erkenntnisse weisen darauf hin, dass Einschränkungen im Alltagsleben wie Ausgangsbeschränkungen, Kontaktsperren und soziale Isolierung viele Menschen mental belasten und ernsthafte psychische Folgen nach sich ziehen können. Inzwischen drücken sich die Folgen der Pandemie für die mentale Gesundheit auch in Zahlen aus: Rund 60 Prozent der Deutschen fühlen sich stärker mental belastet. [...] Trotz der Vielzahl der Angebote sucht nur ein Bruchteil professionelle Hilfe. Der Grund: Noch immer gelten psychische Krankheiten bei vielen als Tabu. Nur jeder fünfte Betroffene geht in Deutschland deswegen zum Arzt."[3]

Die fünf Säulen der Identität

Schauen wir uns in diesem Zusammenhang unser Leben einmal im Detail an, gibt es unterschiedliche Bereiche, die darüber entscheiden, ob wir uns mental gesund und stark fühlen. Der Psychologe Hilarion Petzold hat sie als fünf Säulen der Identität bezeichnet:[4]

5 Säulen der Identität

Leiblichkeit	Soziales	Arbeit & Leistung	Materielle Sicherheit	Werte
Körper Psyche Geist	**Miteinander Kommunikation**	**Aktiv-Sein**	**Lebenserhalt**	**Was ist mir wertvoll?**
Ich & Selbst	Partnerschaft	Job – Karriere	Einkommen	Sinn / Vision
Jung – Alt	(Groß-)Familie	Arbeitswelt	Wohnen	Resilienz
Bewegung	Betreuung	Systeme	Lebensraum	Wissen
Schlaf	Freundschaft	(Aus)Bildung	Konsum	Erwartungen
Ernährung	Team	Stärken – Ziele	Mobilität	Bedürfnisse
Sexualität	Führung	Fehlerdenken	Förderungen	Selbstwert
Mentales	Netzwerke	Belastungen	Schulden	Entscheiden
Gesundheit	Reflexion	Ressourcen	Ressourcen	Bewältigung
Krankheit	Konflikte	Wirksamkeit	Ängste	Spiritualität
Stress – Krise	Geburt – Tod	Balance	Sicherheiten	Zuversicht

Zu einer Krise kommt es dann, wenn eine oder mehrere Säulen unserer Identität beschädigt werden. Bleiben wir bei dem Thema dieses Buches, hat die erste Säule, unsere Leiblichkeit mit Körper, Geist und Psyche eine tragende Rolle. Ist sie brüchig, wirkt sich das nicht nur auf die zweite Säule, unser Soziales aus, sondern kann schnell dazu führen, dass das Dach wackelt und das Gebäude einstürzt:

Schützenswert: Mentale Gesundheit

Alle aktuellen psychischen Probleme auf die Pandemie zu schieben, wäre sicher zu kurz gedacht. Auch andere Faktoren und vor allem die Umstände unserer modernen Zeit fordern täglich ihren Tribut und werden ihn hinsichtlich unserer psychischen Gesundheit auch weiterhin fordern. Der von der WHO initiierte World Mental Health Day, der jährlich am 10. Oktober begangen wird, bietet eine Gelegenheit, wichtige Bemühungen zum Schutz und zur Verbesserung der psychischen Gesundheit neu zu entfachen. Das Motto 2022 lautet: „Make mental health & well-being for all a global priority“. Vielleicht kann auch dieses Buch seinen Teil dazu beitragen, psychische Gesundheit und Wohlbefinden für alle zu einer globalen Priorität zu machen.

Eine gute mentale Verfassung gehört zu einem glücklichen, gesunden und erfolgreichen Leben dazu.

Dabei ist das Spektrum zwischen mentaler Gesundheit und psychischer Erkrankung weit gefasst – auch weil jeder Mensch Druck und Belastungen unterschiedlich wahrnimmt und anders empfindet. Zwischen „Mir geht es rundum gut“, über punktuelle, unter Umständen zeitlich begrenzte Krisen bis hin zur dauerhaften Diagnose einer schweren psychischen Erkrankung liegen unzählige Abstufungen. Je nach Tagesform bewerten wir unser körperliches und geistig-seelisches Wohlbefinden anders. Genau das allerdings beeinflusst auch, wie wir mit uns selbst, mit anderen Menschen, mit unserem Umfeld in der Familie, in der Schule, im Studium und in der Arbeit umgehen oder sogar, ob bzw. wie wir am gesellschaftlichen Leben teilnehmen.

Viele Menschen kümmern sich erst um ihre Gesundheit, wenn sie krank sind – und da macht es keinen Unterschied, ob die Erkrankung körperlich oder psychisch ist. Das hat Auswirkungen. Gerade in den letzten beiden Jahren sind sehr viele Menschen weit über ihre Belastungsgrenze hinausgegangen. Wenn auch aus unterschiedlichen Gründen, so hat uns alle doch eines vereint: Wir mussten in der Corona-Krise mit uns völlig unbekannten Umständen klarkommen und uns enorm schnell auf manchmal tagesaktuelle Veränderungen einlassen. All das löste in der Bevölkerung eine Vielzahl an Ängsten aus.

Warum mentale Gesundheit uns alle angeht

Das berühmte Hamsterrad dreht sich bei den meisten von uns eher schnell als langsam. Arbeiten 4.0, Pandemie, Lieferkettenprobleme, der Ukraine-Krieg und seine Folgen, steigende Energiekosten und viele weitere äußere Faktoren, die wir nicht direkt beeinflussen können, erschweren unseren (Arbeits-)Alltag zudem. Umso wichtiger ist es angesichts anhaltender Herausforderungen, regelmäßig innezuhalten und sich zu fragen: Ist alles gut? Schaffe ich meine Aufgaben noch? Oder gibt es Probleme? Dann gilt es, diese Baustellen aktiv anzugehen, zu benennen, was es für den Umgang damit braucht, sowie Strategien zur Lösung zu entwickeln.

Also auch, wenn wir uns in einer turbulenten, anstrengenden, frustrierenden Corona-Zeit befinden, uns zugleich mit einer weiteren, noch schlimmeren Katastrophe, in Form eines Krieges in Europa, konfrontiert sehen und das alles immer öfter ein Gefühl von hilflosem Entsetzen, Ohnmacht, Angst, Verunsicherung und Traurigkeit auslöst – können wir sicher sein: Solche erschütternden Nachrichten beeinflussen nicht nur unsere Gedanken und unser Verhalten auf subtile und dramatische Weise. Nicht nur bei uns kann das in Erschöpfung oder Schlafstörungen münden. Wenn Sie sich also angesichts der aktuellen Lage in der Welt besorgt und ängstlich fühlen, sind Sie nicht allein!

Leider erinnern uns solche Ereignisse oft daran, wie viele Umstände und Situationen, welche die Gesellschaft beeinflussen, außerhalb unserer Kontrolle liegen. Auch wenn wir nicht in der Ukraine leben und es noch unklar ist, wie sich diese Ereignisse direkt auf unsere Wirtschaft und unser Leben auswirken werden, kann sich Angst und Stress, der durch die Nachrichten über diesen Ukraine-Konflikt ausgelöst wird, in unseren täglichen Routinen, Gedanken und Verhaltensweisen niederschlagen.

Zur Selbstreflexion gehört ebenso, sich zu fragen: Gibt es Situationen oder Aufgabenstellungen, die mein Gefühl der Überforderung triggern? Wer sich seiner Triggerpunkte bewusst ist, kann dafür sorgen, dass sie im Moment des Triggerns nicht die emotionale und mentale Kontrolle übernehmen. Je besser wir uns selbst verstehen, desto besser können wir in akut belastenden Situationen mit uns selbst umgehen. Dabei helfen Resilienztraining, emotionale Techniken und regelmäßiges Mentaltraining – dazu später mehr.

Niemand muss Probleme alleine lösen!

Je eher und schneller wir uns bewusst machen, dass wir nicht alleine auf der Welt sind, umso stärker fühlen wir uns mental. Erkennen wir ein Problem oder stehen vor einer Herausforderung, ist es immer sinnvoll, sich mit anderen auszutauschen. Im Idealfall haben sie Erfahrung mit dem Thema und deshalb Antworten oder wertvolle Anregungen auf unsere Fragestellungen. Zumindest können wir neue Impulse gewinnen oder vielleicht eine andere Sichtweise generieren. Ermutiger, Förderer, Ressourcen- und Vertrauenspersonen dienen als Ratgeber und Kraftspender, aber auch als Sparringspartner und Feedbackgeber. Es ist daher förderlich, mit Freunden oder Kollegen ein Brainstorming zu machen und gemeinsam Strategien zu entwickeln, wie sich eine Herausforderung gut bewältigen lässt und zu definieren, welche inneren und äußeren Ressourcen dafür nötig sind. Daraus entsteht ein konkreter Plan, der uns hilft, schrittweise voranzukommen, statt ohnmächtig im Stillstand zu verharren. Die Dinge aktiv anzugehen, auch wenn sie zunächst als „kaum zu bewältigen“ erscheinen, ist wichtig, um nicht in die Phase der Ohnmacht und Hoffnungslosigkeit zu rutschen.

Eigenverantwortung für die mentale Gesundheit übernehmen

Ob als Führungskraft oder als Mitarbeiter, als mittelständisches Unternehmen oder Konzern – bei aller Verantwortlichkeit gegenüber Menschen, finde ich, dass auch die Eigeninitiative jedes Einzelnen gefragt ist. „Wie geht es mir?“, „Was brauche ich?“, „Wann, wo und wie stoße ich an meine Grenzen?“ und „Was kann ich selbst tun?“ sind wichtige Fragen auf dem Weg zur eigenen mentalen Gesundheit. Sich eben nicht blind darauf zu verlassen, ob oder welche Hilfsangebote existieren. Sich umschauen, informieren und – unangebrachte Scham beiseite – proaktiv auf andere, beispielsweise die eigene HR-Abteilung zugehen und sagen: „Ich brauche das! Zahlt ihr mir das?“ Und im Fall der Fälle auch einmal selbst bezahlen, weil eben nicht nur das Unternehmen, sondern vor allem wir selbst für uns verantwortlich sind. Wir geben Geld für unseren Urlaub, für einen Restaurant-Besuch, den Friseur oder im Wellness-Spa aus. Genauso kann und sollte man auch in die eigene mentale Gesundheit investieren, zumal jeder Mitarbeiter und jede Führungskraft Trainings oder Fortbildungen in diesem Bereich von der Steuer absetzen kann.

Warum mentale Gesundheit für jeden wichtig ist

In vielen Bereichen des Lebens, allen voran der Genderthematik, geht es um mehr Gleichberechtigung bzw. die Gleichbehandlung, unabhängig von Geschlecht, Herkunft, Alter, Kultur u. a. Eine solche Gleichstellung bräuchten wir auch in Sachen Gesundheit. Hier hat der Körper gefühlt immer noch Vorrang vor der Psyche (Gesamtheit unserer geistigen Eigenschaften). Auch wenn die mentale Gesundheit – oder besser deren Abwesenheit – immer öfter zu langen beruflichen Auszeiten führt und ebenso langfristig für immer mehr Arbeitsunfähigkeiten sorgt, räumen wir gerade im Unternehmenskontext psychischen Problemen immer noch nicht den notwendigen Stellenwert ein. Betroffene trauen sich nicht, eine vermeintliche Schwäche in diesem Bereich zuzugeben. Viele warten, bis sich endlich körperliche Symptome bemerkbar machen, um sich – und anderen – tatsächlich einzugestehen, dass sie krank sind. Ja: Unser mentales Wohlbefinden beeinflusst unsere körperliche Gesundheit! Aber das ist noch lange kein Grund, Stress so lange auszuhalten, bis dieser unser Immunsystem schwächt und uns für Krankheiten jeglicher Art anfällig macht.

Sind wir mental angeschlagen, funktioniert vieles nicht mehr so, wie wir es eigentlich kennen und können. Vielleicht schaffen wir es sogar noch, im Beruf mehr oder weniger unseren Mann oder unsere Frau zu stehen, aber danach geht meist nicht mehr allzu viel. Das soziale Leben liegt brach, weil wir die Kraft nicht mehr aufbringen für Sport, ein Hobby, ein Abendessen mit Freunden oder gar für unsere Familie. Neben einem unvermeidlichen sozialen Rückzug ist der engste Kreis oft einem besonders aggressiven Verhalten und Feindseligkeiten ausgesetzt, die mit psychischen Belastungen einhergehen. All das sind gute Gründe, das Tabu endlich zu brechen und über psychische Probleme ebenso zu sprechen, wie dafür zu sorgen, dass mentaler Gesundheit und mentaler Stärke endlich der gesundheitliche Stellenwert eingeräumt wird, der ihnen zusteht.

Das Leben ist ein „Auf und Nieder"

Unser Leben verläuft nicht linear steil nach oben. Stattdessen besteht es aus einem Auf und Ab, aus Tälern (Krisen, Scheitern und Niederlagen) und Gipfeln. Gerade in den Tälern sammeln wir Erfahrungen und Erkenntnisse. Woraus haben Sie bisher in Ihrem Leben mehr gelernt – aus Handlungen, die glatt liefen oder aus Handlungen, die nicht zum gewünschten Ergebnis führten?

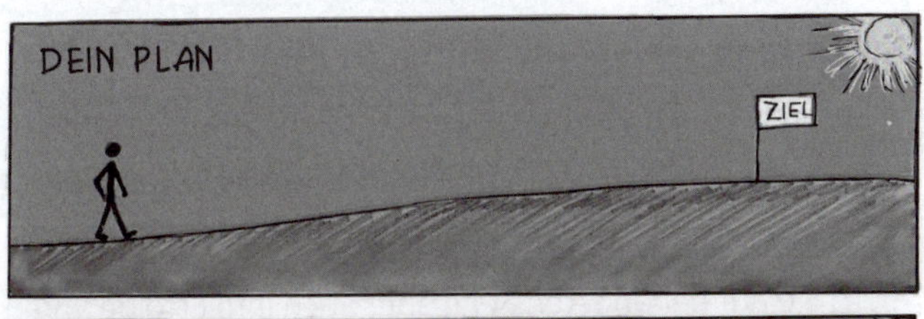

Ohne das Durchschreiten von Tälern ist Lernen kaum möglich. Befänden wir uns stets nur auf den Gipfeln, würden wir zudem möglicherweise den Bodenkontakt verlieren. Und selbst auf einer Anhöhe, von der wir uns eigentlich Weitsicht versprechen, kann uns – wie in der Zeichnung oben zu sehen ist – eine dunkle Wolke durchaus einmal Regen bringen. Allerdings sollten wir eines dabei niemals vergessen: Auch wenn eine dunkle Wolke im übertragenen Sinne auf unserem Gemüt lastet, ist das Licht dahinter immer noch vorhanden. Wir müssen nur warten, voller Zuversicht und Hoffnung, bis die Wolke sich auflöst, der Regen vorbei ist – und nach dem erfrischenden Schauer die Luft oft wieder klarer und reiner. Wie sollte es möglich sein, Glück und Zufriedenheit zu empfinden und den Erfolg zu schätzen, wenn man nie die Kehrseite der Medaille, die Tiefen des Lebens ebenso wie die dunklen Wolken, kennengelernt hat?

Das Gute in schlechten Zeiten finden

Im Zusammenhang mit unserer mentalen Gesundheit ist es besonders wichtig, das Gute, das in den schlechten Zeiten steckt, zu suchen und zu finden. Immer wieder. Seien Sie zum einen bescheiden und dankbar, wenn es Ihnen gut geht. Feiern Sie auf der anderen Seite aber auch Ihre Erfolge, Ihren Mut und Ihren Fleiß, die Ihnen geholfen haben, ein Ziel zu erreichen, einen weiteren Hügel zu erklimmen. Suchen Sie sich unbedingt Ermutiger für die Tiefen des Lebens. Aber glauben Sie auch selbst daran, dass es wieder einen Weg nach oben gibt. Lassen Sie vor Ihrem inneren Auge ein detailliertes, positives Zukunftsbild auftauchen. Verfolgen Sie Ihre Vision. Das bedeutet übrigens nicht, die rosarote Brille aufzusetzen und allein der Macht der Gedanken zu vertrauen – auch wenn wir alle wissen, dass wir diese nicht unterschätzen sollten.

Ob Erfolg, Lebensfreude, -qualität, Leichtigkeit, Glück oder mentale Gesundheit – all das gelingt nur, wenn wir selbst etwas dazutun, uns auf den Weg machen über alle Täler und Gipfel hinweg.

Das Leben ist planungsresistent, das hat Corona uns gezeigt. Nehmen wir das Leben so an, wie es ist und kommt, finden wir schneller Lösungen. Suchen wir also einen konstruktiven Umgang mit dem Auf und Ab des Lebens. Vor allem gesundheitlich – um diesen Aspekt geht es in diesem Buch ja vor allem – ist das allemal besser, als auf dem Boden in irgendeinem Tal liegen zu bleiben.

Das mentale Gesundheitskonto

Ohne Gesundheit ist alles nichts wert. Ohne mentale Gesundheit kann man das Leben nicht genießen. Da hilft es auch nichts, wenn wir körperlich gesund, finanziell abgesichert und die Umstände positiv sind. Sind wir gesundheitlich, vor allem mental, angeschlagen, leidet alles – unsere Leistungsfähigkeit, unsere Widerstandskraft, unser Immunsystem. Wir haben sozusagen ein Defizit und je nachdem, wie stark das Minus auf unserem Gesundheitskonto ist, umso höher sind die Zinsen und umso länger dauert es, bis wir es wieder ausgeglichen haben.

Auch durch geringe Summen, sprich kleine psychische Belastungen, eine Reihe von seelischen Verletzungen, wird immer mehr von unserem mentalen Gesundheitskonto abgebucht –

bis eines Tages die Grundlage für ein starkes Immunsystem und eine stabile mentale Gesundheit verloren gegangen ist. Umgekehrt können Sie aber auch ganz bewusst immer wieder etwas auf das Konto einzahlen und so die Bilanz am Ende möglichst ausgeglichen halten. Denn eines ist klar: Wir können im Leben nicht alles beeinflussen. Ob Belastungen auf uns einströmen, liegt nicht immer in unserer Macht. Ob wir verletzt werden, liegt manchmal außerhalb unseres Einflussbereiches. Aber trotz allem und unabhängig von den äußeren Umständen. können wir uns gut um uns selbst kümmern. Vier Ebenen spielen dabei eine wichtige Rolle: unsere Gedanken, unsere Emotionen, unser Verhalten und unser Körper.

1. Gedanken kontrollieren

Was den meisten Menschen heute zu schaffen macht, ist meist nicht eine körperlich schwere Arbeit, es sind vor allem Ängste, Abhängigkeiten, Sorgen, Probleme sowie innere und äußere Widerstände. Wenn Sie Ihre Ängste und all die anderen negativen Gedanken „pflegen", dann buchen Sie jedes Mal etwas von Ihrem mentalen Gesundheitskonto ab. Überprüfen Sie in dem Zusammenhang Ihre Einstellung und Haltung zu Ihrem Arbeitgeber, Ihrem Umfeld, Ihrer Selbstständigkeit und Ihrer Tätigkeit. Wie oft sagen Sie, dass Ihre Arbeit mühsam ist, dass alles über Ihre Kräfte geht. Negative Glaubenssätze werden zur selbsterfüllenden Prophezeiung. Ob Sie eher ein Pessimist oder ein Optimist sind – das Leben wird Ihnen in jedem Fall Recht geben.

2. Gefühle zulassen

Selbstzweifel zerstören das Betonfundament unseres inneren Lebenshauses. Zweifel an unserer Zukunft, unseren Möglichkeiten und Fähigkeiten erzeugen negative Gefühle, Unlust und Ängste, die uns innerlich zu schaffen machen, unsere mentalen Kräfte schwächen und uns langfristig unsere mentale Gesundheit kosten. Umgekehrt gibt es drei Dinge, mit denen wir unsere psychische und physische Gesundheit stärken können: Spaß/Freude an dem, was wir tun, Selbstvertrauen und soziale Kontakte. Haben Sie einen Job, der Ihnen wirklich Freude bereitet, dann sind Sie motivierter und emotional stabiler unterwegs, stecken sowohl Schwierigkeiten als auch negative Gefühle (beides lässt sich auf Dauer nicht vermeiden) leichter weg.

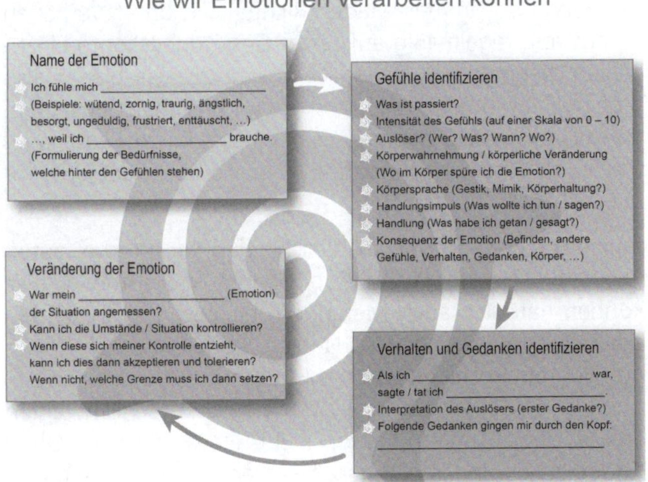

Analysieren Sie Ihre emotionale Ebene: War ich in letzter Zeit oft sehr verärgert? Aggressiv? Konnte ich damit umgehen? Habe ich diesen Gefühlen etwas entgegenzusetzen gehabt? Oder war ich überwiegend ruhig und gelassen? Entscheiden ist, dass Sie negative Gefühle zwar zulassen und wahrnehmen, sich allerdings nicht von ihnen bestimmen lassen.

3. Verhalten steuern

Sie haben es selbst in der Hand, Dinge anders zu machen, als Sie es bislang getan haben. Die besten Gedanken und Gefühle nützen nichts, wenn Sie nicht ins Handeln kommen, Ihr eigenes Verhalten entsprechend steuern. Viele Menschen neigen dazu, ihr Umfeld für alles verantwortlich zu machen. Wir wissen zwar, dass wir dieses nicht – oder zumindest nur sehr bedingt – ändern können, nichtsdestotrotz versuchen wir genau das immer wieder. Richten wir unser Verhalten daraus auf, regelmäßig auf unser Gesundheitskonto einzuzahlen. Nehmen wir uns täglich unsere Ich-Zeit, planen also regelmäßig Momente ein, in denen wir uns etwas Gutes tun. Ob das eine Meditation, eine bewusste kurze Pause oder das Sprechen einer Affirmation ist, das entscheidet jeder für sich selbst.

Meine Standardaffirmation, die ich jeden Tag spreche, lautet: „Ich liebe, glaube, vertraue, bin dankbar und mutig." Sie können natürlich auch Metaphern benutzen, wie „Ich bin der Fels in der Brandung." Nutzen Sie für Ihre Affirmationen Erinnerungshilfen wie das Hintergrundbild Ihres Smartphones, ein Powerbalance-Armband oder schlicht einen Smiley, der auf Ihrem Laptop klebt. Eines ist sicher: Ohne Kontrolle des „Inneren Dialogs" ist mentale Gesundheit nicht möglich. Affirmationen können sich verändern und dürfen immer wieder überprüft werden. Wirken tun sie in jedem Fall und Ihr mentales Gesundheitskonto verbucht ein Plus. Mehr dazu auf den Seiten 104–109.

4. Körperliche Ebene berücksichtigen

Auf diesen Punkt kommen wir im Kapitel „Atmung, Schlaf und innere Bilder" noch ausführlich zu sprechen. Vorab aber schon ein grundlegender Tipp: Unsere Atmung ist entscheidend für eine positive Bilanz unseres Gesundheitskontos. Mit einer tiefen Bauchatmung bekommt unser Körper genügend Sauerstoff. Atmen Sie deshalb durch die Nase ein und durch den leicht geöffneten Mund aus. Achten Sie darauf, dass beim Ausatmen der Bauch nach außen geht und beim Einatmen wieder in seinen ursprünglichen Zustand zurückgeht. Beim Entspannungsatmen ist das Ausatmen doppelt so lang wie das Einatmen.

Für alle, die viel zu oft und lange am Schreibtisch sitzen, ist ein weiteres zentrales Thema sicherlich die Bewegung. Sie müssen sich nicht im Fitnessstudio anmelden, gehen Sie mindestens dreimal die Woche walken oder stramm spazieren, das reicht. Und machen Sie zweimal die Woche Krafttraining. Achten Sie außerdem auf eine gesunde und ausgewogene Ernährung plus eine ausreichende Trinkmenge (im Idealfall stilles Wasser). Dann zahlen Sie auch auf der körperlichen Ebene regelmäßig auf Ihr mentales Gesundheitskonto ein.

Mental Health Matters

Wir haben in diesem Kapitel einige Aspekte kennengelernt, warum unsere mentale Gesundheit so wichtig ist. Bevor wir uns damit beschäftigen, was dazugehört und wie wir möglichst mental gesund werden und bleiben, möchte ich anstelle einer eigenen Zusammenfassung, die Mental Health Matters zitieren, welche die Allianz anlässlich des „Mental Health Awareness Month“[5] im Mai 2021 definiert hat:

1. Ihr mentales Wohlbefinden beeinflusst Ihre körperliche Gesundheit.
2. Mentale Gesundheit wirkt auf Ihre emotionale Befindlichkeit.
3. Mentale Gesundheit spielt eine entscheidende Rolle in Ihren Beziehungen.
4. Wenn Du mental unausgeglichen bist, leidet Deine Lebensqualität.
5. Finanzielle Sicherheit steht in Korrelation mit mentaler.
6. Deine mentale Gesundheit spiegelt sich in gesellschaftlichen Aspekten wider.
7. Es gibt einen Zusammenhang zwischen mentaler Gesundheit und Kriminalität.
8. Mentale Gesundheit kann helfen, die Suizidrate zu senken.
9. Hilf mit, Tabus und Stigmatisierung zu brechen.
10. Gemeinsam sind wir stark – Sei Teil einer Community.

Die gleichnamige Kampagne der Allianz widmet sich der Aufklärung und dem Bewusstwerden einer wichtigen Botschaft: Mentale Gesundheit zählt! Davon bin auch ich überzeugt. Und dass wir gemeinsam etwas für die Gleichstellung der physischen und psychischen Gesundheit tun müssen und können. Ich bin übrigens nicht der Meinung, dass Stress, Herausforderungen und schwierige Problemlösungen zwangsläufig etwas Negatives sind. Ist Stress schlecht? Chronische Stressoren sind es, aber solange Menschen die richtigen mentalen Werkzeuge haben, ist die Herausforderung, den Lebensunterhalt zu verdienen oder die Familie zu ernähren, bewältigbar. Das lebe ich selbst, lehre es und trainiere das auch mit meinen Teilnehmern.

Was konkret dazugehört

Im Großen und Ganzen sind es die folgenden Bereiche, die Einfluss auf unsere mentale Gesundheit haben: Lebenssinn, unser Mindset, unser Verhalten, unser Wohlbefinden und Lebensqualität und unsere sozialen Kontakte. Wir sollten also (zu hohe) Erwartungen (gegenüber anderen, aber auch uns selbst) loslassen, uns selbst öfter einmal loben sowie anderen regelmäßig Anerkennung, Respekt und Wertschätzung schenken und mit Kritik von außen (dank gewaltfreier Kommunikation) konstruktiv umgehen. Das sind nicht alle Faktoren und Möglichkeiten, aber die ersten richtigen Schritte zu mehr mentaler Gesundheit. Was ansonsten noch dazugehört und uns hilft, können Sie auf den folgenden Seiten lesen.

Resilienz

Resilienz ist die Fähigkeit, sich schnell von Schwierigkeiten zu erholen. Es ist die Fähigkeit, nach herausfordernden Zeiten rasch wieder auf die Beine zu kommen. Inwieweit Sie fähig sind, mit Stress, Traumata, Tragödien und sogar schweren gesundheitlichen Problemen umzugehen, hängt von Ihrer Resilienz ab. Je belastbarer Sie sind, desto besser kommen Sie mit Schwierigkeiten in Ihrem Leben zurecht und können dabei sogar Ihr Wohlbefinden erhalten. Der erste Schritt zum Aufbau von Resilienz besteht darin, zu lernen, Veränderungen als Chance für Wachstum zu begreifen, anstatt sich ihnen völlig zu widersetzen. Es ist auch wichtig, sich mit Menschen zu umgeben, die an Sie glauben und Sie in schwierigen Zeiten unterstützen.

Schwierige Lebenssituationen lassen sich nicht vermeiden. Ob wir sie ohne anhaltende Beeinträchtigungen überstehen, ist eine Frage unserer psychischen Widerstandskraft, unserer Resilienz. Drastische Veränderungen, dramatische Einschnitte in unseren Alltag – sie klopfen selten an und fragen nie, ob es uns gerade passt und ob wir die Herausforderungen auch bewältigen können. Wer im Vorfeld kleinere Krisen und Probleme eigenständig gelöst und dadurch Zuversicht gewonnen sowie ein Bewusstsein der eigenen Stärke entwickelt hat, ist sicherlich im Vorteil. Beides hilft uns, weil wir dadurch unsere Belastbarkeit schulen konnten und uns deshalb auch schwere Schicksalsschläge nicht gleich aus der Bahn werfen. Wir haben eine zuversichtliche Grundeinstellung.

Vor allem Profisportler verfügen oftmals über ein hohes Maß an Resilienz. Sie sind in der Lage, positiv mit Anforderungen umzugehen und z. B. nach Niederlagen zügig wieder aufzustehen und weiterzumachen. Ihre Resilienz zeigt sich auch im ständigen Aufrechterhalten ihrer körperlichen Fitness, inneren Stabilität und Motivation, der oft schwierigen Vereinbarkeit von Sport und Privatleben, das viele Reisen, der Umgang mit Presse und Öffentlichkeit, das Erfüllen der Vorgaben seitens des Managements, Vereins oder Verbands, Dopingkontrollen etc. Als Rocky Balboa im Film seinem Sohn den Boxkampf erklärt, bringt er es auf eine einfache Formel:

„Der Punkt ist nicht, wie hart einer zuschlagen kann. Es zählt bloß, wie viele Schläge er einstecken kann, und ob er trotzdem weitermacht. Nur so gewinnt man!"

Positive Psychologie

Schon in den 1960er-Jahren begann der US-amerikanische Psychologe Martin Seligman zu forschen, was das Leben lebenswert macht, warum manche Menschen glücklich sind, wie man Glück messen und wie man das subjektive Wohlbefinden steigern kann. Was genau führt zu einem glücklichen Leben? Was braucht es, damit wir das Leben genießen können? Und welchen Stellenwert hat dabei die Selbstverwirklichung? Solchen Fragen ging Seligman als einer der wichtigsten Forscher auf dem Gebiet der Positiven Psychologie nach. Mit seinen gewonnenen Erkenntnissen entwickelte er praktische Übungen und wirksame Methoden. Das Ziel: eine optimistische Lebenseinstellung, Widerstandsfähigkeit, Lebenszufriedenheit und – last but not least – mentale Stärke. All das sollte zu einem gelingenden Leben beitragen. Mehr zu Seligmans positiver Psychologie und seinem PERMA-Modell folgt im Kapitel „Mentale Stärke trainieren".

Die Hoffnung hochhalten

Manchmal fühlen wir uns zurecht ohnmächtig – vor allem, wenn wir, wie aktuell beim Krieg in der Ukraine, selbst nicht viel dazu beitragen können, um die Lage besser zu machen. Die Nachrichten werden vom Kriegsgeschehen bestimmt, von Inflation, Energiekrise und dramatischen Auswirkungen des Klimawandels. Für viele Menschen sind das Gründe genug, um pessimistisch in die Zukunft zu blicken. Doch in all dem Geschehen gibt es auch Grund zur Hoffnung. Wenn Sie sich das bewusst machen in dieser bedrückenden Zeit, dann gehören Sie zu den Hoffenden. Die Hoffnung, so sagt der Volksmund, stirbt zuletzt. Und im Christentum ist sie eine von drei Säulen unserer Existenz: Glaube, Liebe, Hoffnung.

Hoffnung ist eine positive innere Haltung und Überzeugung.

Sie schenkt uns Zuversicht und Durchhaltevermögen. Denn sie motiviert uns voranzuschreiten, statt den Kopf in den Sand zu stecken. Sie verleiht uns die Kraft, in die Zukunft zu schauen und Teile des Weges zu erkennen, der sich beschreiten lässt. Hoffnung basiert auf der Annahme, gesetzte Ziele erreichen zu können. Hoffnung ist mit konkreten Plänen verbunden, wie zum Beispiel die Treibhausgasemissionen in Deutschland bis 2030 um 65 Prozent gegenüber 1990 zu senken. Dafür investiert der Staat u. a. in grünen Wasserstoff und Stahl, in energetische Gebäudesanierungen und klimafreundlichen Verkehr. Das ist ein Anfang.

„Wenn wir zu sehr auf Probleme ausgerichtet sind, sehen wir überall Probleme."

Dalai Lama

Es ist wichtig, eine langfristige Sicht auf das, was möglich ist, zu pflegen – eine hoffnungsvolle Perspektive. Wie lässt sich in der jetzigen Situation Hoffnung schöpfen? Wie lässt sich eine hoffnungsvolle Sicht auf die Dinge gewinnen? Zunächst ist Akzeptanz wichtig. Nach Jahrzehnten des Wohlstands und langer Friedenszeit erleben wir nun, dass dieser Zustand fragil ist. Es gibt keine Garantie für Glückseligkeit. Wir müssen lernen, zu akzeptieren, dass das Leben uns allen etwas abverlangen kann, das größer ist als bisher bekannte Herausforderungen. Für manchen ist die Bedrohung nun existentiell. Politische, wirtschaftliche und globale Veränderungen nehmen auf persönliche Befindlichkeiten keine Rücksicht. Aber das persönliche Befinden lässt sich sehr wohl durch entsprechendes Selbstmanagement steuern. Wir sind von der Nachrichtenlage mental belastet, aber wir können etwas tun, um diese Belastung zu reduzieren. Während wir uns ohnmächtig angesichts der Entwicklungen in der Ukraine fühlen, haben wir die Macht über unsere mentale Stärke nicht verloren. Drei Tipps helfen dabei konkret:

1. Helfen und helfen lassen

Reflektieren Sie über Ihre persönliche Rolle in dieser Zeit. Welche Ressourcen und Fähigkeiten können Ihnen – und anderen – jetzt helfen? Anderen zu helfen, macht nicht nur der oder dem Empfangenden Freude, sondern auch der oder dem Gebenden. Wir fühlen uns nützlich, gebraucht, willkommen, ernten Dankbarkeit. Ins Handeln kommen bedeutet gleichzeitig, der Ohnmacht den Rücken zu kehren.

Und scheuen Sie sich nicht, selbst Hilfe in Anspruch zu nehmen, wenn Sie sich völlig hilflos und überfordert fühlen. Um Hilfe zu bitten, ist keine Schande, sondern ein Akt verantwortungsvoller Selbstfürsorge.

2. Erinnern Sie sich an gute Wendungen

Wann hat sich in Ihrem Leben schon einmal etwas zum Guten gewendet? Das Wissen aus vergangenen Erfahrungen, dass nicht alles so verfahren und bedrohlich bleibt, wie es gerade ist, schenkt uns Vertrauen und Zuversicht. Machen Sie sich bewusst, dass es viele gewichtige Gründe gibt, gemeinsam mit anderen an Lösungen zu arbeiten, auf politischer wie auf anderen Ebenen. Das Interesse an tragfähigen Lösungen ist groß.

3. Kultivieren Sie Ihren inneren Frieden

Innehalten im Trubel der Hiobsbotschaften ist ein probates Mittel, um sich vom Sog der negativen Nachrichten nicht mitreißen zu lassen. Kultivieren Sie Ihren inneren Frieden. Dosieren Sie Ihren Nachrichtenkonsum und nehmen Sie sich täglich Zeit für eine Mediation, bei der Sie sich auf sich besinnen, Geist und Körper zur Ruhe bringen, Kraft schöpfen. Den inneren Frieden zu fördern, heißt zum äußeren Frieden beizutragen.

Lassen Sie uns gemeinsam die Hoffnung hochhalten – wenn wir alle einen Beitrag dazu leisten, hoffnungsvoller in die Zukunft zu schauen und uns verantwortungsvoll zeigen, dann machen wir diese Welt zu einem besseren Ort. Schon Immanuel Kant wusste:

Drei Dinge helfen, die Mühseligkeit des Lebens zu tragen: Die Hoffnung, der Schlaf und das Lachen.

Hohes Selbstwertgefühl

Sind Sie sich Ihrer selbst wirklich bewusst? „Klar bin ich selbstbewusst!", mag Ihre Antwort jetzt lauten. Doch was verbirgt sich eigentlich genau dahinter? Es geht darum, sich seiner Eigenschaften, Fähig- und Fertigkeiten und seiner Talente bewusst zu sein. Denn das Bewusstsein dafür bildet die Basis für unser Selbstvertrauen. Wir schöpfen unser Selbstvertrauen aus diesem Wissen, ohne ein Bewusstsein dafür kann sich dieses Wissen nicht bilden. Richten Sie den Blick auf sich selbst, schließt sich eine Frage an, die für Ihr Verhalten und Handeln eine Schlüsselrolle spielt: Was sind Sie sich selbst wert?

Ihre Einschätzung spiegelt sich in vielen Momenten wider: An ganz normalen Tagen, bei der Urlaubsentscheidung oder daran, wie sie ihre Freizeit gestalten, was sie essen, mit wem Sie sich umgeben – vor allem aber gerade auch dann, wenn Sie (zu) viele Aufgaben vor sich haben, wenn Sie in Stress geraten, wenn alle(s) andere scheinbar wichtiger ist. Dann müssen Sie sich erst recht die Frage stellen: Was bin ich mir selbst wert? Mit dem Bewusstsein und dem, was an Denken und Taten folgt, haben Sie eine wichtige Stellschraube für Ihre mentale Gesundheit. Ihr Selbstwertgefühl hilft Ihnen, sich Zeit (für sich selbst) zu nehmen, endlich die lang ersehnte Reise anzutreten, die größere Wohnung zu mieten, das super tolle Restaurant einfach mal auszuprobieren – und das alles (und das ist der entscheidende Punkt) ohne schlechtes Gewissen und völlig unabhängig davon, was andere denken oder sagen.

„Mental Empowerment"

In vielen Unternehmen hört man gerade immer öfter den englischen Begriff Empowerment. Übersetzt bedeutet es Ermächtigung, bzw. auch Befähigung und Bevollmächtigung. Mitarbeiter sollen dazu befähigt werden, Selbst-Verantwortung zu übernehmen und so ihre Autonomie zu erhöhen, d. h. den Grad dessen, was sie selbst bestimmen und entscheiden können. In Wikipedia ist dazu zu lesen: „Empowerment bezeichnet dabei sowohl den Prozess der Selbstbemächtigung (Emanzipation) als auch die professionelle Unterstützung der Menschen, ihr Gefühl der Macht- und Einflusslosigkeit (powerlessness, ‚gesellschaftspolitische Ohnmacht') zu überwinden und ihre Gestaltungsspielräume und Ressourcen wahrzunehmen und zu nutzen." Andere beschreiben es so: „Empowerment einfach erklärt bedeutet, dass sich die Rolle des Mitarbeiters hin zu mehr Gestaltung ändert: Zuvor haben Mitarbeiter üblicherweise eine überwiegend passive Rolle eingenommen, da sie mehr Befehlsempfänger waren. Nun beginnt eine aktive Einbindung in das Unternehmen [...]."[6] Ein Artikel auf StartupValley fordert aufgrund der zunehmenden psychischen Belastung im Arbeitsumfeld aber auch als Folge von globalen Krisen: „Unternehmen stehen nun besonders in der Pflicht, die mentale Gesundheit ihrer Angestellten zu schützen und entsprechende Strukturen zu schaffen. Doch wie gelingt ein resilienter Umgang mit allgegenwärtigen Krisen und alltäglichem Stress? Durch Mental Empowerment." Die Autorin fordert u. a., sich der mentalen Verfassung bewusst zu werden, einen kontinuierlichen Austausch über das Wohlbefinden, genug Pausen, Sport und gesunde Ernährung, um mentale Gesundheit als langfristiges Unternehmensziel zu fördern.[7]

Ja, Empowerment bzw. Befähigung ist ein zentrales Konzept der Gesundheitsförderung. Wobei wir wieder beim Thema dieses Buches sind: der mentalen Gesundheit. Auch hier braucht es vor allem Selbstverantwortung.

Geht es um unsere Gesundheit zeigen wir gerne auf andere, auf die Politik, auf die medizinische Versorgung, auf Vorsorgeangebote – aber vor allem bei den Themen Stress und mentale Gesundheit auch auf die Unternehmen, den Chef und die Führungskraft. Ja, viele Mitarbeiter verlassen ihren Job wegen ihrer Führungskraft. Geht es allerdings um das Thema Gesundheit, ist mir sehr wichtig, immer wieder zu betonen: Ja, es muss in Sachen Prävention mehr getan werden. Ja, es ist sinnvoll, wenn Unternehmen Programme anbieten, die Mitarbeiter darin unterstützen, (mental) gesund zu bleiben. Letztendlich hat unsere (mentale) Gesundheit vor allem aber etwas mit uns selbst zu tun. Sie liegt auch in unserer Selbstverantwortung.

Das Zeitrad

Mit der folgenden Übung lässt sich dies gut aufzeigen:

> *Übung: Das Zeitrad*
>
> *Malen Sie einen Kreis mit 24 Stunden auf, ähnlich dem Ziffernblatt einer Armbanduhr, nur mit doppelter Stundenzahl. Dann tragen Sie – beginnend bei 0:00 Uhr – die Zeit für den Schlaf ein (6, 7, 8 Stunden). Danach kommt die Arbeitszeit. Bei Angestellten maximal 10 Stunden pro Tag. Bei Unternehmern und Selbstständigen kann es natürlich auch schon einmal mehr sein. Das heißt, nach dem Abzug von 8–10 Stunden Arbeit und 7 Stunden Schlaf haben wir noch 7–9 Stunden freie Zeit zur Verfügung.*

Ich sage heute nicht mehr Freizeit, aber freie Zeit – mehr oder weniger. Denn wir brauchen, wenn wir nicht im Homeoffice sind, eine gewisse Zeit, um zu unserem Arbeitsplatz zu kommen. Ob öffentliche Verkehrsmittel oder Autofahrt – diese Zeit kann ich bewusst nutzen. Statt sich aufzuregen, dass man wieder mal im Stau steht, sich beispielsweise freuen, dass man noch den spannenden Podcast zu Ende hören kann. Oder die Zeit für ein Telefonat mit einem guten Freund nutzen, den man schon ewig nicht mehr gehört hat. Hat der Zug Verspätung, einfach mal die anderen Menschen beobachten und auf Gedankenreise gehen, woher die wohl kommen und wohin sie fahren, was sie arbeiten und wie groß ihre Familie ist. Auch ich habe früher gedacht: Alles verlorene Zeit, die unnütze Warterei – aber inzwischen habe ich gelernt, diese Zeit zu nutzen, und wenn es nur dafür ist, beim Blick aus dem Fenster die unterschiedlichen Jahreszeiten zu bestaunen. Die Natur zu genießen, entspannt und tut so gut! Es geht also sozusagen um eine andere Bewertung der Zeit im Auto oder Zug, so dass das Ganze einen positiven Rahmen bekommt.

Kommen wir zurück zu unserem Zeitrad bzw. unserer verbleibenden freien Zeit, sagen wir 6–8 Stunden (1 Stunde ziehe ich für die Hin- und Rückfahrt zur Arbeit ab). Wir brauchen Zeit, um einzukaufen (mit etwas Planung muss das nicht jeden Tag sein) und um zu kochen (was bei manchen sogar etwas Meditatives hat). Vor allem Letzteres ist extrem wichtig für unsere Gesundheit und geht mit etwas Übung und Organisation auch schnell und leicht von der Hand … in den Mund. Für alle, die Kinder haben: Ja, sie kosten viel Zeit, bereichern aber auch das Leben. Gleiches gilt für Haustiere, zeitaufwendige Hobbys, das Sorgen für Eltern oder Großeltern. All das geht natürlich von unserem Zeitrad ab, aber statt zu jammern, haben wir immer auch die Möglichkeit, es als das zu sehen, was es ist: Wir geben mit der Zeit auch etwas von unserer Liebe (vielleicht zurück) – an Menschen oder Dinge, die uns wichtig und wertvoll sind. Können wir das irgendwann nicht mehr, weil Menschen nicht mehr da sind oder wir nicht mehr die Kraft für ein bestimmtes Hobby haben, würden wir alles geben, um doch noch mal eine Stunde dafür streichen zu können.

Wir haben genug „freie" Zeit für eine halbe Stunde Bewegung, dazwischen mal ein paar Seiten zu lesen, Musik zu hören oder Me-Time (oder wie auch immer man es nennen möchte), um einfach nur dazusitzen und zu träumen, in die Wolken zu schauen oder einen Schmetterling zu beobachten.

Zeit für eine kurze Auszeit sollte sich immer finden.

Vorausgesetzt wir vergeuden unsere Zeit nicht. Verstehen Sie mich bitte nicht falsch, ich möchte das Internet und Social Media nicht verteufeln – viel zu wichtig ist beides auch für meine eigene Arbeit. Aber für unsere mentale Gesundheit ist es ebenso wichtig, sich zumindest einmal bewusst zu machen, womit wir unsere Zeit verbringen. Das unabhängige Tech-Portal BASIC thinking hat dafür eine aktuelle Untersuchung des Anbieters NordVPN (Durchgeführt von den Marktforschern von Norstat vom 22. bis zum 30. Juni 2021. Die Zielgruppe der repräsentativen Umfrage waren Deutsche zwischen 18 und 74 Jahren.) ausgewertet: „Die Ergebnisse der Untersuchung sind auf jeden Fall interessant und teilweise mit Sicherheit auch schockierend. So sind die Forscherinnen zu der Erkenntnis gekommen, dass der durchschnittliche Deutsche 24 Jahre, 8 Monate und 14 Tage seiner Lebenszeit im Internet verbringt. Setzt man diese Zahl nun ins Verhältnis mit der durchschnittlichen Lebensdauer der Weltbank-Analyse kommt heraus, dass wir mehr als 30 Prozent (!) unseres Lebens im oder zumindest mit dem Internet verbringen. […] Auf jede einzelne Woche heruntergebrochen, kommt die Studie zu dem Ergebnis, dass wir insgesamt 51 Stunden im Internet verbringen. Das sind mehr als zwei komplette Tage. Dabei ergibt sich eine interessante Aufteilung. Etwa 40 Prozent unserer Internet-Zeit entsteht durch Aktivitäten am Arbeitsplatz (20 Stunden). Die anderen 60 Prozent (31 Stunden) der Lebenszeit im Internet jede Woche entfallen auf private Aktivitäten."[8]

Berücksichtigt man zusätzlich die Tatsache, dass man nach einem Blick aufs Handy (machen Sie doch mal eine Strichliste, wie oft am Tag Sie aufs Handy schauen, Sie werden erstaunt sein) – gerade bei schlechten Nachrichten – sehr lange (im Internet kursieren unterschiedliche Zeiten zwischen 18 und 25 Minuten) braucht, um sich wieder auf das konzentrieren zu können, von dem man sich hat unterbrechen lassen, sind die Auswirkungen enorm. Wir rauben uns dadurch nicht nur Arbeitszeit (die wir evtl. abends oder am Wochenende nachholen – unabhängig vom Ärger, den wir dann sogar zweimal empfinden), sondern auch wertvolle Lebenszeit.

Ob Media- oder TV-Konsum, der während Corona und abhängig von den Ausgangssperren extrem gestiegen ist – machen wir uns nichts vor, niemand zwingt uns zum Griff zum Handy, Tablet oder der Fernbedienung. Wir könnten uns auch unterhalten, sofern wir nicht alleine sind, zumindest miteinander telefonieren – oder wieder mal ein Gesellschaftsspiel auspacken und einen Abend in geselliger Runde verbringen. Selbstverantwortung bedeutet natürlich auch, dass ich Entscheidungen treffen darf oder muss. Dass ich ins Handeln und Tun kommen darf und muss. Jeder für sich selbst! So wie folgende Geschichte, die ich selbst erlebt habe, beweist.

Beispiel: Selbstverantwortung

Unterwegs mit einer Reisegruppe in Chile und Argentinien, waren unsere Flüge einschließlich der Sitzplätze bereits von Deutschland aus gebucht. Auf den ersten beiden der insgesamt sechs Flüge, bekommt eine ältere Dame mit, dass ich immer am Fenster sitze, geht zum Reiseleiter und beschwert sich lautstark, macht diesen wirklich klein. Es sei eine Unverschämtheit, dass ich immer am Fenster säße und sie bestehe darauf, dass sie ab sofort einen Fensterplatz hat. Zufälligerweise stand ich daneben und konnte nicht anders, als zu sagen: „Ja mei, dann fragen sie halt am Schalter, wenn Sie Ihren Koffer aufgeben, nach einem Fensterplatz. So mache ich es." Mit großen Augen sah sie mich an – drehte sich wortlos um und redete weiter auf den Reiseleiter ein.

Dabei hatte der rein gar nichts damit zu tun. So etwas erlebt man oft. Menschen gehen irgendwo hin und beschweren sich, statt zu schauen, was kann oder muss ich jetzt selbst tun, damit ich das, was ich will, was ich mir wünsche, was mein Bedürfnis ist, auch bekomme.

Warum sie ein Thema für Arbeitgeber ist

Bricht sich ein Mitarbeiter auf der Baustelle einen Arm oder reißt sich das Kreuzband im Knie, ist er arbeitsunfähig. Man sieht und erkennt an, dass derjenige seinem Job für eine gewisse Zeit nicht nachkommen kann. Hat ein Mitarbeiter im Büro ein psychisches Problem sieht man ihm das nicht (immer) unbedingt an – trotzdem ist er oder sie nicht voll einsatz- und noch viel weniger leistungsfähig. So wie der Mitarbeiter mit dem gebrochenen Arm bzw. dem Kreuzbandriss kein starkes Teammitglied ist, so kann es auch der Mitarbeiter mit der mentalen Einschränkung nicht mehr sein. Mit einem Unterschied: Gebrochene Knochen werden geschient, gegipst oder mit Nägeln und Platten stabilisiert. So können sie heilen. Dafür gibt man ihnen, den Knochen und den Menschen, ausreichend Zeit. Bei einer psychischen Erkrankung, einem Burn-out, einer Depression gibt es oft lange keine sichtbaren Zeichen, der Betroffene arbeitet weiter, so gut es geht. Trotzdem ist die Einsatzbereitschaft eingeschränkt, ebenso wie die Kommunikationsfähigkeit, die Konzentration und Motivation. Mit dramatischen Folgen für das ganze Team oder Unternehmen – je nach Größe. Entsprechend wenig Verständnis gibt es von Kollegen und Vorgesetzten – vor allem, wenn sie vom betroffenen Mitarbeiter immer wieder hören, dass „alles gut ist", „es bald wieder besser wird" oder „kein Grund besteht, darüber zu sprechen".

Weil Betroffene Angst davor haben, belächelt zu werden oder auf Unverständnis zu stoßen, vermeiden es viele, aktiv nach Hilfe zu fragen. Sie wollen nicht als willensschwach wahrgenommen werden. Die Gefahr, in unserer Leistungsgesellschaft als nicht leistungsfähig oder -willig abgestempelt und so ausgegrenzt zu werden, ist groß. Dabei liegt es an uns allen – und damit auch in der Verantwortung der Arbeitgeber – dieses Stigma ein für alle Mal zu beenden.

Eine offene Kommunikation und ein transparentes Gesundheitsmanagement – vorbeugend ebenso wie im Falle eines akuten Problems – sind zentrale Faktoren, damit in einem Unternehmen offen mit psychischen Problemen und mentaler Gesundheit umgegangen wird.

Auch wenn die Gefährdungsbeurteilung psychischer Belastungen, seit 2013 im Arbeitsschutzgesetz (§ 5 ArbSchG, Ziffer 6) verankert, ein vergleichsweise junges Handlungsfeld des betrieblichen Arbeitsschutzes ist, so ist es wichtiger denn je.

Jeder Mensch hat eine Psyche

Psychische Belastungen sind vielschichtig, schwer zu erfassen und zu behandeln. Dementsprechend schwierig ist es auch für Unternehmen, mit psychisch belasteten Mitarbeitern umzugehen. Deshalb die Augen davor zu verschließen und einfach nur abzuwarten bzw. darauf zu hoffen, dass sich die Situation irgendwie von alleine löst, ist allerdings keine Option. Arbeitsbedingte psychische Belastungen sind immer noch mit vielen Tabus behaftet. Betroffene sollten keine Angst mehr haben, sich zu äußern und Führungskräfte oder Kollegen, Lehrer oder Angehörige sollten diese Angst akzeptieren, zuhören und unterstützen. Vor allem deshalb, weil aktuelle Studien aus den Corona-Jahren 2020 und 2021 immer wieder darauf hinweisen, dass Angststörungen und Depressionen auf dem Vormarsch sind. Und wir alle in den kommenden Jahren wohl mit deutlich mehr Betroffenen in allen Altersstufen rechnen müssen.

Ja, es ist schwierig zu erkennen (vor allem, wenn jemand das nicht will), aber richtig schlimm ist eher das Wegsehen. Ja, wir sind alle keine Psychiater, Psychotherapeuten oder medizinischen Psychologen. Also sollten wir möglichst Diagnosen unterlassen, von hausgemachten Rezepten, Ratschlägen und Tipps oder einer Therapie ganz schweigen. Aber eines können wir: Achtgeben auf uns und achtsam miteinander umgehen. Was dabei hilft ist zum einen ein betriebliches Gesundheitsmanagement. Im Rahmen dessen, aber auch darüber hinaus macht es Sinn, möglichst viele Mitarbeiter rund um die psychische Gesundheit am Arbeitsplatz zu schulen. So können Veränderungen bei Kollegen, Mitarbeitern und Vorgesetzten möglichst frühzeitig wahrgenommen und diese im Idealfall auch adäquat angesprochen werden.

Zugegeben ist das nicht immer leicht – und es geht in keiner Weise darum, eine Diagnose zu stellen –, sondern lediglich zu signalisieren, mir sind Veränderungen aufgefallen, wenn du ein Problem hast, bin ich da und höre zu. Sprechen Sie so etwas bitte niemals zwischen Tür und Angel, sondern immer vertraulich an. Umgekehrt sollten Sie das Thema generell transparent kommunizieren. Erkennen Betroffene, dass die psychische Gesundheit einen ebenso hohen Stellenwert wie die physische Gesundheit hat bzw. offen und ehrlich damit umgegangen wird, senkt das die Hemmschwelle deutlich und eröffnet Mitarbeitern eine neue Möglichkeit und die Freiheit, Probleme leichter anzusprechen.

Förderliche Eigenschaften

Mentale Gesundheit geht uns alle an – und zwar unsere eigene ebenso wie die unserer Mitmenschen, unserer Familienmitglieder, unserer Kollegen und unserer Freunde. Mentale Gesundheit entsteht nur, wenn wir – wie bereits beschrieben – gegenseitig auf uns aufpassen. Denn auch, wenn wir uns nur selbst ärgern können (kein anderer tut das) und wir uns auch nur selbst stressen (kein anderer kann das), so sind die Auslöser unseres Ärgers bzw. Stresses doch oft im Außen. Umso wichtiger ist es, dass wir uns innen mental stark machen, auf der anderen Seite aber auch bewusst andere nicht mental schwächen. Es gibt eine Reihe förderlicher Eigenschaften – schauen wir uns ein paar davon doch einfach etwas genauer an:

Empathie und Mitgefühl

Für eine erfolgreiche soziale Interaktion braucht es vor allem eines: sich in andere hineinversetzen zu können. Frauen wird diese Eigenschaft, auch Empathie genannt, oft eher zugeschrieben. Gerade, wenn es darum geht, die Einstellungen und Werte anderer zu verstehen, braucht es dieses Einfühlungsvermögen. Auf dessen Bedeutung in der Führung weist beispielsweise die Pfingstausgabe 2022 der „Rosenheimerin" anhand einer Studie hin:

> ***Beispiel: Studie***
> *„Die US-Organisation Catalysts hat dafür 900 Angestellte in den Vereinigten Staaten gefragt, welche Fähigkeiten ihnen im Arbeitsumfeld am meisten helfen und welche sie bei Vorgesetzten besonders schätzen. Einfühlungsver-*

> *mögen steht dabei ganz oben auf der Liste der Erfolgseigenschaften, weil sie in Teams unter anderem zu mehr Innovation, Engagement und zu einer besseren Work-Life-Balance führt."*

Sind wir in der Lage, zwischen selbst- und fremdbezogenen Emotionen und Gedanken zu unterscheiden, können wir empathisch auf andere reagieren und das kommt uns gerade in Stresssituationen zugute. Natürlich nicht nur uns selbst, sondern auch unserem Umfeld. Also wieder ein Punkt, der für unser aller mentaler Gesundheit spricht und förderlich ist.

Bewertungsfreie Wahrnehmung

Mentale Gesundheit hat sehr viel mit Wahrnehmung zu tun. Nehmen wir uns selbst wahr? Mit unseren Bedürfnissen und Befindlichkeiten, unseren Stärken und Schwächen? Wie nehmen wir andere wahr? Allerdings ist die reine Wahrnehmung das eine, käme dann nicht sehr schnell unsere Bewertung dazu. Und wir können da gar nicht viel dagegen tun. Unsere Gedanken sind sozusagen schneller als unser Herz. Wir sehen oder hören etwas, und schon analysieren und bewerten wir es. Dabei würde es unserer mentalen Stärke zugutekommen, wenn wir weder uns selbst noch andere allzu schnell verurteilen. Übrigens: Menschen mit einem hohen Grad an Eigenwahrnehmung können über ihre Gefühle und deren Einfluss auf ihre Arbeit sprechen, sich auch einmal verletzlich und verwundbar zeigen. Im Kampf gegen psychische Probleme oder vielmehr für mehr Mental Health, würde das in Unternehmen manchmal helfen.

Intuition

Kennen Sie das plötzliche Gefühl, dass etwas richtig ist? Ohne genau sagen zu können, woher es kommt, und ohne Vorwarnung haben wir die Gewissheit, uns richtig zu entscheiden oder das Richtige zu tun. Unbewusst haben wir eine Eingebung, einen Gedanken und sind uns sicher: Ja, das ist es! So passt das! Genau das ist Intuition. Ein Geistesblitz, der uns im positiven Sinne und genau im richtigen Moment trifft. Wir verstehen die Zusammenhänge (noch) nicht, Fakten und gute Gründe würden uns eigentlich zu etwas anderem raten – und doch, entscheiden wir uns dafür, was unser Bauch uns sagt und rät. Intuition ist etwas Spontanes und Kreatives – kein Wunder, dass die meisten Menschen davon lieber die Finger lassen.

Wir sind trainiert darauf, unseren Verstand einzusetzen. Abzuwägen, was wir tun sollen. Pläne aufzustellen, um Ziele zu erreichen. Geht es um mentale Gesundheit, braucht es natürlich ausreichend Informationen, es braucht allerdings auch Intuition. Vor allem, wenn es um Entscheidungen geht. Werden diese aufgrund einer Faktenlage intuitiv getroffen, sind es oftmals bessere Entscheidungen. „Der sechste Sinn kann sehr nützlich sein, obwohl Sie ihm keine magischen Eigenschaften verleihen sollten. Die entwickelte Intuition ist die Kombination unserer eigenen Erfahrung und der superschnellen Arbeit unserer rechten Hemisphäre."[9] Geht es also um den einzelnen Betroffenen oder auch uns selbst, sollten wir im Umgang mit und Aufbau von mentaler Gesundheit auch einmal auf unser Bauchgefühl hören.

Emotionale Intelligenz

Den Begriff IQ kennen wir alle, auch wenn die wenigsten Menschen ihren tatsächlichen Intelligenz-Quotienten als Zahlenwert kennen. Im Jahr 1990 wurden analog dem IQ von den beiden US-Amerikanischen Psychologen Peter Salovey und John D. Mayer der Begriff „Emotionale Intelligenz“ eingeführt. Die Wissenschaft musste einsehen, dass die Intelligenz eines Menschen, so differenziert man diese auch zu messen vermag und so viele Punkte jemand auf der Skala hat, nicht ausreicht, um im Leben erfolgreich zu sein. Zumindest ist ein hoher IQ keine Garantie für Erfolg! Das ist ein hoher EQ auch nicht. Aber emotionale Intelligenz führt dazu, dass unser Leben einfacher, reibungsloser, glücklicher verläuft. Wir können nämlich unsere Gefühle – und die anderer – besser einschätzen und sogar beeinflussen. Die Informationen über diese Emotionen helfen uns, das eigene Denken und Handeln zu leiten. Zugegeben, einfach ist das nicht, ganz im Gegenteil: Emotionale Intelligenz ist komplex. Daniel Goleman, Autor des 1995 erschienenen Buches „EQ. Emotionale Intelligenz“, betitelt die fünf Faktoren emotionaler Intelligenz folgendermaßen:

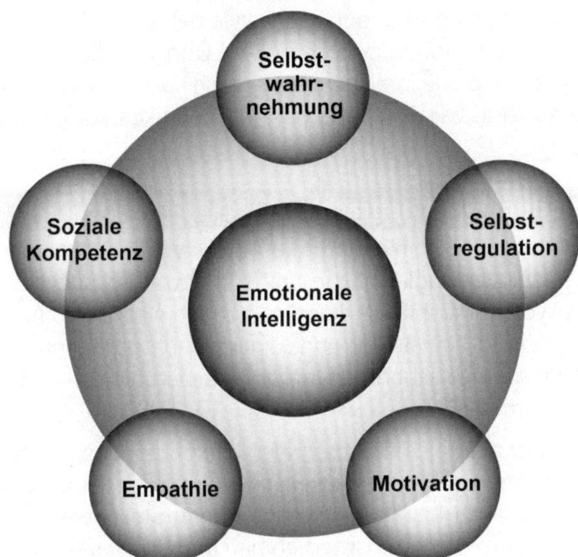

Mitarbeiter, Führungskräfte, Privatpersonen – wir alle benötigen emotionale Intelligenz, um in Zukunft besser miteinander leben zu können. Glücklicherweise ist emotionale Intelligenz erlernbar und trainierbar.

Eine wichtige Frage, die sich in diesem Zusammenhang stellt, ist: Sind wir unseren Gefühlen hilflos ausgeliefert, oder können wir sie uns sogar zunutze machen? Emotionen und Gefühle haben eine wichtige Funktion in unserem täglichen Leben. Trauer, Wut, Zorn, Niedergeschlagenheit oder Nervosität gehen uns unter die Haut. Verlieren wir die Kontrolle über unsere Gefühle, können wir damit uns selbst und anderen Menschen schaden. Können Sie Ihre Emotionen kontrollieren und regulieren? Wie gelingt es Ihnen, Ihre negativen Emotionen umzuwandeln? Übrigens: Schulen wir unsere emotionale Intelligenz lassen sich auch andere förderliche Aspekte wie Empathie oder die Fähigkeit zur Intuition steigern.

Auf den Punkt gebracht

- Gesundheit ist nicht nur die Abwesenheit von Krankheit. Wer zugleich körperlich kraftvoll ist und sich psychisch wohlfühlt, kann sein Leben erfolgreich und glücklich bewältigen und seinem Auftrag gegenüber der Gemeinschaft – familiär und beruflich – nachkommen.
- Unser mentales Wohlbefinden beeinflusst unsere körperliche Leistungsfähigkeit und umgekehrt. Deshalb sollte auch beides den gleich hohen Stellenwert für den Einzelnen, für Unternehmen und die Gesellschaft haben.
- Unser Mindset, unser Verhalten und unsere sozialen Kontakte bestimmen unter anderem die Qualität unserer mentalen Gesundheit. Ein guter Grund, auf unsere Gedanken, unser Tun, unser Verhalten und unsere Beziehungen sorgsam zu achten.

Mentale Gesundheit geht uns alle an – also sprechen wir offen an, was uns belastet, und haben für andere ein offenes Ohr. Empathie, Mitgefühl und bewertungsfreie Wahrnehmung helfen dabei, zusammen mental gesund und stark zu werden und zu bleiben.

Persönliches Wohlbefinden

Das eigene Wohlbefinden ist ebenso subjektiv wie komplex und dementsprechend schwer zu definieren und zu messen. Unterschiedliche Theorien bewegen sich zwischen der persönlichen Zufriedenheit und dem Glück sowie der Selbstakzeptanz, -wirksamkeit und einer sinnvollen Entwicklung. In diesem Kapitel lesen Sie mehr zu:

- Warum ein Gleichgewicht zwischen Wohlbefinden und Leistungsfähigkeit erstrebenswert ist.
- Wie wir lernen den Umgang mit Stress als Meisterleistung unseres Körpers wertzuschätzen.
- Wie wir am besten (digital) abschalten und uns entspannen.

Seelische Zufriedenheit

Mentale Gesundheit hat sehr viel mit dem persönlichen Wohlbefinden zu tun, mit unserer seelischen Zufriedenheit. Die Wissenschaft unterscheidet zwischen subjektivem, psychologischem und sozialem Wohlbefinden. Theorien dazu gibt es unzählige, darunter Keyes-Mental-Health-Theorie (2002), die Selbstbestimmungstheorie von Rya & Deci (2000) und die Well-Being-Theorie (auch bekannt als PERMA-Modell, dazu im Kapitel „Mentale Stärke trainieren" mehr) von Seligman (2011).

Unter subjektivem Wohlbefinden versteht man meist die allgemeine Lebenszufriedenheit bzw. das Glück, nach dem wir alle streben.

Dankbarkeit macht gesund!

Dankbarkeit kann unser eigenes Wohlbefinden beeinflussen. Dankbar sein macht zufrieden. Und mit dieser inneren Zufriedenheit haben wir weniger Probleme oder nehmen diese zumindest gelassener hin.

Dr. Henning Freund, Psychotherapeut und Psychologie-Professor an der Evangelischen Hochschule TABOR in Marburg, der zum Thema Dankbarkeit forscht, sagt dazu in einem Interview in der Mai-Ausgabe der Zeitschrift alverde: „Wir erleben seit Jahren eine Wende in der Psychologie. Man legt mehr Wert auf positive Emotionen, Stärken und Tugenden. Je mehr wir über die Dankbarkeit erfahren, umso mehr erkennen wir, wie wichtig sie für den Zusammenhalt zwischen Menschen und für die psychische Gesundheit ist." Im gleichen Magazin ist aufgeführt, wofür die Deutschen dankbar sind:

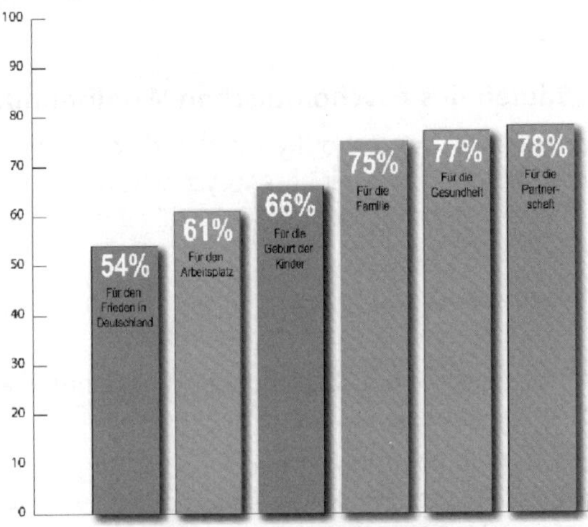

Die Zahlen der Forsa-Umfrage sind zwar schon aus dem Jahr 2010, aber immer noch aussagekräftig und sicher hat sich, ein paar Prozentpunkte hin oder her, an den generellen Punkten nicht allzu viel geändert. Laut Dr. Henning Freund besteht eine der Hauptaufgaben der Dankbarkeit übrigens darin, „uns an eine Grundtatsache des Daseins zu erinnern: Dass wir in allen Aspekten unseres Lebens auch auf andere und auf äußere Umstände angewiesen sind, auf die wir keinen Einfluss haben."

Unter das psychologische Wohlbefinden fallen Begriffe wie persönliches Potenzial und Wachstum, aber auch im Einklang mit sich selbst zu leben. In diesem Zusammenhang von großer Bedeutung ist die Ryff-Skala aus dem Jahr 1989. Carol Ryff, eine US-Psychologin, formulierte darin nicht nur die sechs wichtigsten Säulen des psychologischen Wohlbefindens, sondern machte diese sechs Dimensionen sogar messbar.

Die 6 Säulen des psychologischen Wohlbefindens

Die sechs Säulen von Carol Ryff bilden damit einen guten Anhaltspunkt dafür, wie wir unser psychisches Wohlbefinden stärken und so unsere mentale Gesundheit aufbauen und aufrechterhalten können:

1. Selbstakzeptanz und Selbstwertschätzung in einer positiven Grundhaltung sich selbst gegenüber
2. Positive, bereichernde Beziehungen und einen warmen und vertrauensvollen Umgang mit anderen
3. Selbstbestimmtheit durch interne Bewertung statt externer Anerkennung und der eigenen Werte als Kompass für das eigene Verhalten
4. Selbstwirksamkeit durch aktive Gestaltung bzw. Mitgestaltung
5. Kontinuierliche persönliche Entwicklung im Laufe des Lebens, Offenheit und Aktivität
6. Ein klares Verständnis über den eigenen Sinn im Leben und relevante persönliche Ziele

Ein starkes Selbst entsteht durch einen aktiv-konstruktiven wohlwollenden Umgang mit sich selbst und unserem Umfeld. Was uns dabei allerdings regelmäßig einen Strich durch die Rechnung macht, ist der Stress, der auf uns einwirkt. Anstrengung, Druck, Last, Anspannung, Strapazen – die Liste ist lang und die Auswirkungen auf unser Wohlbefinden und unsere mentale Gesundheit sind groß.

Was Stress mit uns macht

Wir alle kennen Stress und was er mit uns macht: Manchmal beflügelt er uns, ein anderes Mal sorgt er dafür, dass unsere Batterien schneller leer sind, als wir sie wieder aufladen können. Keine ideale Ausgangsbasis für eine dauerhaft gute mentale Gesundheit. Die ersten Anzeichen für zu viel Stress sind vielfältig: u. a. Heißhungerattacken inkl. Gewichtszunahme, schlechte Haut, abgeknabberte Fingernägel, Konzentrationsprobleme in Verbindung mit Vergesslichkeit. Erkennen wir diese, sind wir im Moment oft davon überzeugt: „Das geht vorbei!" Körperliche Beschwerden, wie Kopf- und Rückenschmerzen, Magenprobleme oder innere Unruhe und Schlafprobleme versuchen wir mit Medikamenten zu lösen. Gelingt das nicht, zeigt unser Körper uns mit einer erhöhten Anfälligkeit für weitere Krankheiten, wie grippale Infekte u. a., dass etwas nicht stimmt. Reagieren wir darauf immer noch nicht, bestimmen sehr bald Ängste, Ärger und Aggressionen unser Leben – auch weil wir über längere Zeit immer mehr wichtige soziale Beziehungen, privat und beruflich, sowie unsere Freundschaften vernachlässigen.

Im Artikel „Make Yourself Immune to Secondhand Stress" (Harvard Business Review) empfehlen die Autoren Shawn Achor und Michelle Gielan: „Ändern Sie Ihre Reaktion!" In einer Studie bei der Investmentbank UBS zusammen mit Dr. Alia Crum vom Stanford Mind & Body Lab und Peter Salovey, dem Gründer des Yale Center for Emotional Intelligence, fanden sie heraus, „dass die negativen Auswirkungen von Stress um 23 Prozent zurückgehen, wenn man eine positive Einstellung zum Stress entwickelt und aufhört, ihn zu bekämpfen. Wenn wir Stress als Bedrohung empfinden, entgehen unserem Körper und unserem Geist die positiven Auswirkungen von Stress. (Selbst auf hohem Niveau kann Stress zu größerer geistiger Widerstandsfähigkeit, tieferen Beziehungen, gesteigertem Bewusstsein, neuen Perspektiven, einem Gefühl der Meisterschaft, größerer Wertschätzung für das Leben, einem gesteigerten Sinnesempfinden und verstärkten Prioritäten führen). Anstatt gegen negative Menschen in Ihrem Umfeld zu kämpfen und frustriert zu sein, sollten Sie dies als Gelegenheit nutzen, Mitgefühl zu empfinden, oder als Herausforderung, dieser Person zu helfen, positiver zu werden."[10]

Wie wir denken und handeln, beeinflusst ganz massiv unser Erleben von Stress. Wenn unser Herz in einer herausfordernden Situation schneller klopft und wir flacher atmen, können wir diese körperlichen Anzeichen negativ bewerten – als Angst oder Überforderung. Oder wir betrachten sie positiv: Als Zeichen für einen Energieschub, der uns durch die Herausforderung hilft, weil unser Gehirn mit mehr Sauerstoff versorgt wird. Tatsächlich wiesen Forscher an der Harvard-Universität einen sogenannten „Mindset-Effekt" nach: Die Bewertung eines Stressors – also eines inneren oder äußeren Reizes, der uns Stress bereitet –, ist entscheidend für unsere körperliche Stressantwort. Dabei gibt es unzählige Faktoren, die uns stressen, – erschreckenderweise sogar viele, mit denen wir uns selbst unter Druck setzen.

WIE SIE SICH SELBST UNTER STRESS SETZEN

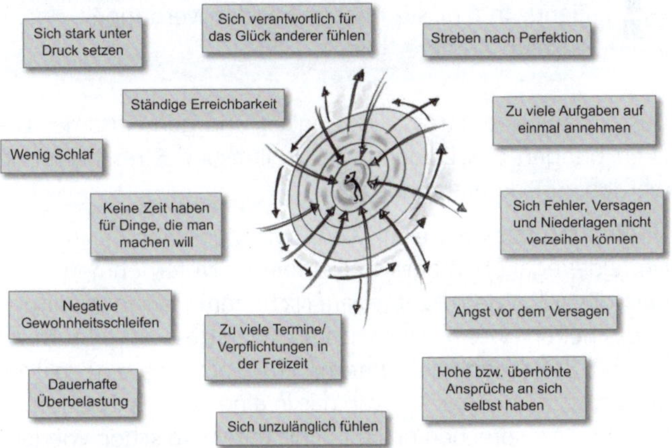

Das Stresslevel verringern

Mein Beruf und die vielen Reisen sind manchmal stressig, aber im Laufe der Jahre habe ich gelernt, wie man es durch Selbstfürsorge, Life Balance, Regeneration und Entspannung, Zufriedenheit, Urlaubsreisen, Lernen, inneres Gleichgewicht und Sinnfindung schafft, das persönliche Stresslevel zu verringern. Liebe, Lachen und Freundschaften spielen dabei eine wichtige Rolle. Genießen Sie die Zeit mit den unterschiedlichsten Menschen in Ihrem Leben. Ja, die meiste Zeit des Tages verbringen wir eh mit Arbeitskollegen und das Wochenende ist oft der Familie vorbehalten – aber es ist auch wichtig, den Bekannten- und Freundeskreis immer wieder einmal zu erweitern. Cicero bringt es auf den Punkt:

„Freundschaft verbessert das Glück und lindert das Elend, indem sie unsere Freuden verdoppelt und unseren Kummer teilt."

Das gilt auch bei Stress: Geselligkeit und gemeinsames Lachen bringen das Dopamin ins Rollen und Stresshormone werden zurückgefahren.

Überhaupt ist es hilfreich, wenn wir Menschen in unserem Umfeld – egal ob in der Familie oder im Unternehmen – haben, die auf andere achtgeben. Nicht immer können wir uns selbst helfen, wenn wir akut im Dauerstress sind. Stürmen gefühlt Belastungen ununterbrochen auf uns ein, fällt es uns selbst manchmal schwer, das in eine richtige Relation zu bringen. Wir sprechen uns dann oft mit „wird schon wieder" oder „das geht vorbei" selbst Mut zu, merken aber nicht, dass wir bereits eine Grenze überschritten haben. Die Grenze zwischen einem zeitlich befristeten, förderlichen und einem dauerhaften, ungesunden Stresslevel. Genau dann braucht es aufmerksame Beobachter, die uns zum Innehalten, Umdenken und vor allem Handeln bewegen.

Entspannung als Basis für Leistungsfähigkeit

In den letzten Jahrzehnten habe ich immer wieder mit Spitzensportlern und Mannschaften in den unterschiedlichsten Sportarten gearbeitet. Man kann so einiges von den Profis lernen, unter anderem, wie wichtig das Thema Entspannung und Regeneration ist. Jeder Spitzensportler weiß, wenn er diese Phasen nicht in sein Training und Leben einbaut, kann er am Tag X keine Höchstleistung abrufen. Auch im Business-Alltag ist es wichtig, regelmäßig, wenn möglich jeden Tag, für Entspannung zu sorgen.

Sie fragen sich bestimmt, wie Sie bei all dem Stress, der Fremdbestimmtheit und der Schnelligkeit unseres Lebens regelmäßig für solche kleinen Entspannungspausen sorgen können. Es gibt einige Mittel und Wege, auf die ich im nächsten Kapitel „Atmung, Schlaf und innere Bilder" noch ausführlicher eingehe. Hier aber schon mal ein Tipp vorab:

> ***Übung: Visualisieren***
>
> *Visualisieren Sie über Ihre fünf Sinne (Hören, Sehen, Fühlen, Riechen, Schmecken) ein Ruhebild bzw. schönen Ort, an den Sie sich innerlich für ein, zwei Minuten zurückziehen. Das kann zum Beispiel ein Bergsee oder ein Spaziergang am Strand sein, bei dem sich der Mond im leicht bewegten Wasser spiegelt, oder sie gehen innerlich morgens auf den Steg an einem See. Der Nebel wabert noch über dem Wasser, die Vögel zwitschern. Machen Sie fünf tiefe Atemzüge. Achten Sie darauf, dass das Ausatmen doppelt so lang ist wie das Einatmen.*

Mut zum Müßiggang!

Weniger ist oft mehr, aber mit der Entspannung und Entschleunigung ist das so eine Sache: Es braucht Mut! Sich Zeit zu nehmen für sich selbst, eine Tasse Kaffee oder ein nettes Gespräch mit dem Kollegen bzw. Nachbarn ist keine Selbstverständlichkeit in unserem oft durchgetakteten Alltag. Dabei ist ein bewusst gewählter vorübergehender Ausstieg aus dem Hamsterrad der Pflichten wichtig für unser Wohlbefinden. Getrieben vom Anspruch ans optimale Zeitmanagement, an Produktivität und Performance neigen wir dazu, aufs Innehalten zu verzichten. Und dass, obwohl weniger Tun oft mehr im Ergebnis bedeutet.

Je mehr Termine, umso wichtiger scheint jemand zu sein.

Weniger Aufgaben zu erledigen, dafür aber mit vollem Fokus, erleichtert nicht nur die Konzentrationsfähigkeit, sondern auch das erfolgreiche Vollenden. Und das verschafft Befriedigung, die vieles in uns sprießen lässt: neben körperlicher Gesundheit auch Vertrauen und Mitgefühl, soziale Verbundenheit, Regenerations- und Resilienzfähigkeit sowie Einfallsreichtum. Erfüllung zu finden, in dem was wir gerade tun – in einer Aufgabe, im Innehalten oder in einer Begegnung –, ist ein Geschenk und eine Quelle für unsere mentale Gesundheit.

Wer es nicht schafft, im Hier und Jetzt zu leben, sondern nur am Vorausplanen und Terminen hinterherlaufen ist, wird früher oder später vielleicht eine sehr lange Auszeit brauchen. Unser Körper und Geist holen sich irgendwann ihr Recht. Also ist es doch nur vernünftig und richtig, rechtzeitig gegenzusteuern.

Achtsamkeit (mindfulness)

Seit geraumer Zeit wird der Achtsamkeit sehr viel Aufmerksamkeit entgegengebracht. Mindfulness ist in aller Munde und hat Einzug in die Businesswelt gehalten. Ein Lebensprinzip, das dafür sorgen soll, dass wir in Balance sind. Indem wir achtsam mit uns, unserem Geist und unserem Körper, aber auch mit unseren Mitmenschen, unserem Umfeld und dem Leben im Allgemeinen umgehen. Zentral ist der Gedanke, dass wir im Hier und Jetzt sind, dem Augenblick so viel Aufmerksamkeit schenken, dass weder das Gestern noch das Morgen zählt. Wir können dieses Verhalten bei Kindern beobachten, die in ihr Spiel so vertieft sind, dass sie die Zeit und alles um sich herum vergessen.

Verständlicherweise fällt es uns Erwachsenen schwer, in einen solchen Zustand zu kommen. Zu lange haben wir unsere Pflicht erfüllt, sind unserer Verantwortung nachgekommen und haben dabei verlernt, einfach einmal loszulassen. Unsere Gedanken kreisen ständig um das, was als nächstes erledigt werden muss, welche Planung ansteht und welches Ziel wann erreicht sein soll. Aber Achtsamkeit lässt sich lernen. Beispielsweise durch verschiedene Meditationstechniken. Meditation führt uns ins Jetzt, weg von der Vergangenheit, die wir bekanntlich eh nicht mehr ändern können (aber uns darüber ärgern, uns fragend zermürben), und auch weg von der Zukunft, die uns manchmal Angst macht, weil wir nicht wissen, was auf uns zukommt. Aber wenn wir eh nicht wissen, was kommt, kann es ja immer auch gut ausgehen. Also zurück zum Augenblick!

Beispiel: Vom Spitzensport lernen

Viele Spitzensportler schwören auf Meditation. Ob Tennisspieler und Weltranglistenerster Novak Djokovic oder Weitsprung-Weltmeisterin und Olympiasiegerin Malaika Mihambo – beide bekennen sich zu ihrer mentalen Vorbereitung und betonen auch in Interviews immer wieder, welch wichtigen Einfluss Meditation und Atemtechnik auf ihre sportlichen Erfolge hat. Beide trainieren also nicht nur ihren Körper, sondern sehr bewusst ihren Geist, ihre mentale Stärke. Anders, davon sind Djokovic und Mihambo überzeugt, lassen sich Höchstleistungen nicht erzielen – vor allem nicht über einen längeren Zeitraum hinweg. ‚Meditation und Selbstreflexion sind meine Begleiter', erklärt die Athletin Teile ihres Trainings. Das sieht man auch während der Wettkämpfe, wenn Mihambo die Augen schließt, in sich geht und abschottet, bevor sie den nächsten Sprung in den Sand setzt.[11] Sie ist sich sicher, dass Meditation ihr nicht nur zu einem guten Schlaf, sondern auch zu Bestleistungen verhilft: „Zum einen bietet die Meditation die Möglichkeit, sich schneller zu fokussieren. Zum anderen hilft sie aber auch, hinderliche Gedanken schneller aufzudecken. Dadurch belasten sie einen nicht im Wettkampf und das macht es möglich, mein volles Potenzial auch unter Druck umzusetzen."[12]

Aber nicht nur Sportler setzen auf Meditation, sondern beispielsweise auch der Headspace-CEO Russel Glass, der auf die Frage „Was ist Ihr bestes Argument, um Menschen zum Meditieren zu bringen?" antwortet: „Ich versuche manchmal, Meditation als ‚value for effort' – Gleichung zu betrachten. Es gibt schließlich nur sehr wenige Dinge, die man nur fünf oder zehn Minuten am Tag tut, die das Potenzial haben, das tägliche Leben stark zu verändern. Die Meditation kann das. Wir haben gesehen, dass Menschen, die drei Wochen lang fünf bis zehn Minuten am Tag meditiert haben, eine völlig andere Perspektive aufs Leben hatten – bei mir war das auch so."[13]

Und noch eine Brücke lässt sich schlagen zwischen dem Spitzensport und uns normalen Zeitgenossen, die wir auf der Suche sind nach etwas mehr Gelassenheit im Trubel des Alltags. Training – ob körperlich oder geistig – erfordert Disziplin. Ebenso ist es mit der Achtsamkeit und der Entspannung. Beides stellt sich nicht einfach und schon gar nicht von alleine ein. Mindfulness ist kein Selbstläufer. Wir müssen uns darum bemühen – zumindest am Anfang. Wie bei vielen anderen Dingen auch, wird es mit der Zeit – und mit etwas Übung – allerdings einfacher.

Wenn wir einen Rhythmus zwischen An- und Entspannung, zwischen konzentriertem Tun und achtsamen Momenten, zwischen dem Planen des Morgen und dem Genießen des Heute gefunden haben, profitiert unser persönliches Wohlbefinden. Positive Emotionen sowie eine empfundene Zufriedenheit mit uns selbst und unserem Denken und Handeln, machen uns ohne Zweifel mental stark und stärker. Genau das brauchen wir in einer Welt, die von Unsicherheit, Komplexität und einer enormen Veränderungsgeschwindigkeit geprägt ist. Mindfulness ist eine wichtige Prävention gegen psychische Probleme, Schlafstörungen, Depressionen und Burn-out.

Burn-out-Prävention

Statistisch gesehen sind Menschen, die körperlich schaffen, weniger gefährdet, an einem Burn-out zu erkranken als Menschen, die überwiegend mit ihrem Kopf arbeiten. Grund dafür ist der Energieabbau, der mit der körperlichen Tätigkeit einhergeht. Bewegung hilft, Stresshormone abzubauen. Deshalb wirkt sich auch Sport nachweislich positiv auf unser Wohlbefinden aus.

Beispiel: Julian Nagelsmann

Julian Nagelsmann baut seine überschüssige Energie zum Beispiel regelmäßig durch Mountainbiking oder Joggen ab und nimmt sich mit einem Tag in den Bergen gezielt Auszeiten. Der Cheftrainer des Fußballvereins FC Bayern München überrascht mit seiner Aussage: „Burn-out? Mein Risiko liegt bei null Prozent" – so der Titel eines Berichts über ihn auf tz.de: „Die Lebensfreude und der Arbeitseifer von Nagelsmann stecken an. […] Auch wenn Nagelsmann für sich persönlich eine Burn-out-Erkrankung ausschließen kann, gibt er sich empathisch gegenüber den Menschen, die daran erkrankt sind: ‚Das ist, glaube ich, ein furchtbares Gefühl. […] Man muss dann halt versuchen, außen rum die Dinge so zu steuern, dass man das Risiko, dass es irgendwann kommt oder ausbricht, möglichst gering hält.' […] Dinge, die mich freizeitmäßig glücklich machen, versuche ich, dann mehr zu machen. Auch mal den freien Tag wirklich frei zu nutzen. […] Was Nagelsmann ebenfalls hilft: Er definiert sich nicht nur über den Beruf. ‚Wenn ich fünf Stunden Mountainbike in den Bergen fahre, bin ich auch ein glücklicher Mensch. Und nicht nur, wenn wir am Wochenende ein super Spiel machen', so der Bayern-Trainer."[14]

Neben dieser Auszeit, die jeder für sich gestalten soll und kann, wie er möchte, beziehungsweise wie es einem gut tut, gibt es einen weiteren – ich würde sogar sagen, den Burn-out-Präventionsfaktor Nr. 1: Beziehungen. Und dazu passend die Kommunikation, d. h. wie wir miteinander sprechen. Die Corona-Zeit hat durch all die negativen Gefühle und mangelnde Begegnungsmöglichkeiten, in denen wir all das hätten diskutieren, unser Herz ausschütten, einmal gemeinsam lästern können, dazu geführt, dass wir auch das wieder lernen müssen. Unsere Frustrationstoleranz ist deutlich geringer geworden, wir sehen oftmals nur noch schwarz und weiß, gut oder böse. Bist du nicht auf meiner Seite, dann bist du gegen mich.

Dabei gibt es doch so viele Grautöne dazwischen, so viele Unterschiede, die wir aushalten und respektieren müssen – und können, wenn wir nur dazu bereit sind, uns wieder gegenseitig zuzuhören. Dazu braucht es vor allem eines: Die Überwindung unseres großen Egos, das so viele während der Pandemie scheinbar ausgiebig gepflegt haben, und Brücken, die wir bauen und bereit sind zu nutzen. Blickt man einmal hinter die Fassade aus Wut und Angst, merkt man häufig sehr schnell, dass die Gründe dafür – trotz unterschiedlicher Meinung – oft sehr ähnlich sind. Finden wir diese Gemeinsamkeiten, stärken wir unser Miteinander und verringern die Gefahr eines Burn-outs.

Wenn die Last zu schwer wird

Betroffene schätzen eine Situation oder eine Aufgabe so ein, dass sie sich nicht mehr in der Lage sehen, diese zu bewältigen. Stress in einem kritischen Ausmaß, der mitunter sogar als lebensbedrohlich empfunden wird. Was hier dramatisch klingt, nehmen selbst Betroffene oft nicht gleich wahr. Und auch das Umfeld erkennt die Warnzeichen meist sehr spät. Ein Burn-out kommt auf leisen Sohlen. Umso wichtiger ist es, dass wir auf uns und unsere Mitmenschen achtgeben, sensibilisiert sind und kleinste Anzeichen wahrnehmen. Das erfordert Bewusstsein!

Wer an seine Grenzen stößt, erkennt schmerzlich, dass gesetzte und tatsächlich erreichte Ziele auseinanderklaffen.

Das nagt am Selbstwertgefühl. Die Tendenz, sich noch mehr anzustrengen auf der Jagd nach Erfolg und daraus resultierender Bestätigung, begünstigt die Abwärtsspirale. Denn wenn verstärkte Anstrengung nicht zum gewünschten Erfolg führt, sondern nur zu weiterer Erschöpfung, wächst das Gefühl der Ohnmacht. Betroffene beginnen, zu resignieren und entwickeln Gleichgültigkeit gegenüber ihrem Umfeld und dessen Ansprüchen. Aus Enthusiasmus wird Dienst nach Vorschrift, aus motivierter Power reine Pflichterfüllung. Der innere Rückzug des Betroffenen schreitet fort, die Isolation wächst – und am Ende helfen nur meist noch Psychotherapie und Antidepressiva.

Dabei gibt es andere Mittel und Wege, um aus einem Burnout herauszufinden. Auch wenn diese etwas Zeit brauchen, lohnt es sich. Der Einsatz ist, an uns selbst, unseren Denkmustern und unserer Vorgehensweise zu arbeiten. Das Ziel: Unsere Persönlichkeit stärken, uns weiterentwickeln und selbstwirksam werden.

Selbstwirksamkeit ist der Schlüssel, auch in Unternehmen …

… zum Schutz gegen Burn-out. Wer Vertrauen in seine eigene Handlungskompetenz hat und weiß, dass er Herausforderungen aufgrund seiner Ressourcen gut bewältigen kann, bleibt Kapitän an Bord seines Schiffs. Für Unternehmen bedeutet das, mit einem breiteren Blick auf Mitarbeiter zu schauen: Welche Kompetenzen sind bei einem erschöpften Mitarbeiter nicht mehr vorhanden? Wo herrscht konkreter Mangel? Was braucht xy zur Entlastung? Um gar nicht erst in einen Mangelzustand zu geraten, hilft es, vorhandene Stärken gezielt zu nutzen.

Wer sich seiner Stärken bewusst ist und diese für seine Aufgaben einsetzen kann, ist nicht nur gelassener beim Betrachten herausfordernder Situationen, sondern erreicht seine Ziele auch leichter. Das stärkt das Selbstwertgefühl, schenkt Freude und Bestätigung.

Vorgesetzte haben hier erheblichen Einfluss und können viel zur Burn-out-Prävention beitragen: Angefangen bei der Stärkenorientierung, die sowohl die Aufgabenverteilung als auch die Feedbackkultur bestimmen sollte, über den Zuspruch, der das Vertrauen von Mitarbeitern in die eigenen Fähigkeiten fördert, bis hin zum Vorleben. Je besser eine Führungskraft mit gutem Beispiel vorangeht im Umgang mit Herausforderungen, desto überzeugender vermittelt sie ihrem Team, das auch schaffen zu können.

Freude und Freundlichkeit als Gegenmittel zum Burn-out

„Wir haben, wenn wir Glück haben, etwa 30.000 Tage, um das Spiel des Lebens zu spielen. Wie können wir also angesichts unserer kurzen Zeit auf der Erde mehr Freude in unser Leben bringen? Freude ist eine unserer stärksten Emotionen. Und sie ist ein wirksames Gegenmittel gegen Burn-out.“, schreibt Arianna Huffington in ihrem „On My Mind Newsletter“ vom 3. April 2022. „Im Gegensatz zum Glück, das manchmal wie ein weit entfernter Endzustand erscheinen kann, geht es bei der Freude darum, im Augenblick zu sein. […] Und noch etwas ist großartig an Freude – sie ist ansteckend. […] Deshalb kann Freude bei der Arbeit so stark sein – sie ist ein Kraftmultiplikator, der es Teams und Unternehmen ermöglicht, sich ehrgeizige Ziele zu setzen und diese zu erreichen, ohne auszubrennen." Ja, Freude ist ein wundervolles Gefühl, das wir ebenso wie Freundlichkeit viel mehr pflegen sollten.

Freundlichkeit lässt unseren Körper nicht nur Oxytocin, sondern auch Dopamin und Serotonin ausschütten. Diese Hormone stärken unser Selbstwertgefühl und wirken sich förderlich auf unser Wohlbefinden aus. Dieser Effekt gilt übrigens sowohl für empfangene als auch für gegebene Freundlichkeit. Denn in beiden Fällen treten wir in Verbindung zu anderen, lassen uns für den Moment durch eine freundliche Interaktion auf sie ein und gehen eben nicht einfach gruß- und blicklos vorüber. Das trägt dazu bei, dass wir uns weniger isoliert fühlen. Und das verringert negative Emotionen wie Traurigkeit, Angst oder Wut. Je mehr wir uns mit anderen verbinden können, desto geringer ist die Gefahr einer depressiven Erkrankung für uns. Studien haben u. a. gezeigt, dass Menschen mit psychischen Problemen wie z. B. einer Angststörung durch das gezielte Erbringen guter Taten ihre Stimmung und Lebenszufriedenheit steigern können.

Das Hochgefühl, dass wir nach einer guten Tat empfinden, nennen Forscher auch „Helper's High". Es ist pures Glück, das uns durchflutet. Achten Sie beim nächsten Mal darauf, wenn Sie Ihrer Freundin einen Kaffee spendieren, einem Fremden den Weg weisen oder anderen den Vortritt in der Warteschlange im Supermarkt gewähren. Der freundliche Akt gibt uns einen kleinen Energiekick. Besonders spannend dabei ist: Eine gute Tat hat sogar einen Effekt auf uns, wenn wir nur von außen beobachten, wie Wissenschaftler herausgefunden haben. Nicht nur diejenigen, die unmittelbar an der freundlichen Interaktion beteiligt sind, sondern auch Beobachtende erleben die positiven Auswirkungen von Freundlichkeit im Gehirn. Die geweckten positiven Gefühle wiederum motivieren uns, selbst etwas Gutes zu tun. Ob empfangen, gegeben oder nur gesehen – Freundlichkeit kann also eine Kettenreaktion auslösen, von der mental viele Menschen profitieren.

Atmung, Schlaf und innere Bilder

Wir machen es automatisch, 24 Stunden am Tag, ob wir wach sind oder schlafen: Atmen. Ein erwachsener Mensch macht zwischen 13 und 18 Atemzüge pro Minute. Dabei führen wie unserem Körper den notwendigen Sauerstoff zu. Zudem werden Zellschäden repariert und unsere Energiereserven wieder aufgebaut. Und Atmen bedeutet so viel mehr. Das merken wir meist erst dann, wenn unser Atem einmal stockt, weil wir unter Stress geraten oder einen Schock erleiden. Haben wir das Gefühl, keine – oder zumindest nicht ausreichend – Luft in unsere Lunge zu bekommen, kann das schnell lebensbedrohliche Züge annehmen. Umgekehrt können wir es mit etwas Übung schaffen, durch bewusste Atmung gezielt zur Ruhe zu kommen. Dazu müssen viele Menschen, die überwiegend eine sitzende Tätigkeit ausüben, also alle Schreibtischtäter, zunächst einmal den Brustkorb weitmachen. Dehnübungen sind hier sehr hilfreich, zusätzlich zu gezielten Atemübungen. Legen wir dabei eine Hand auf den Bauch, wird schnell deutlich, dass die meisten eine tiefe, beruhigende Bauchatmung erst wieder lernen müssen. Dazu gibt es übrigens Apps mit geführten Atemübungen, die es sehr leicht machen, unserem Atem wieder etwas achtsamer zu begegnen. Ich persönlich empfehle allerdings, Fachpersonal zu konsultieren, wenn jemand Probleme mit der Atmung hat.

Während wir das Atmen zum Glück nicht abstellen oder vermeiden können, meinen viele Menschen immer noch, dass Schlafen eine Zeitverschwendung sei. Sie reden sich ein, ja manche brüsten sich sogar damit, finden es schick, mit möglichst wenig Schlaf auszukommen. Auf die Frage: „Wie viel Schlaf brauchen wir?" gibt es nur eine richtige Antwort: „Mehr als wir meinen!" Sorgen Sie dafür, dass Sie jede Nacht sieben bis acht Stunden schlafen. Amazon-Chef Jeff Bezos schläft jede Nacht acht Stunden.

Unternehmer, Führungskräfte und Selbstständige, die glauben, dass der Schlaf erst nach dem Erfolg kommt, könnten ihre Bemühungen um Erfolg mit dieser Einstellung untergraben. Auf Dauer zu wenig zu schlafen, hat einen sehr hohen Preis, den wir nicht immer unmittelbar bezahlen. Die Konsequenzen von Schlafmangel zeigen sich oft erst Jahre später. Wir können – und daran führt kein Weg vorbei – auf Dauer krank werden.

Zahlreiche Studien haben sich mit dem Zusammenhang von Schlaf und Führungsqualitäten beschäftigt. Demnach erschwert es Schlafmangel nicht nur, Konflikte im Job ruhig zu lösen. Unausgeschlafene Führungskräfte sind auch weniger inspirierend, treffen Fehlentscheidungen, resignieren in schwierigen Situationen früher, ihre Teams sind unmotivierter und die Grundstimmung in Unternehmen ist feindseliger. Müden Managern fehlt die Energie, sich und ihre Mitarbeiter zu begeistern, Anliegen zu kommunizieren, Fragen zu stellen und Stimmungen wahrzunehmen.

Und das gilt natürlich nicht nur für Manager, sondern für jeden Einzelnen von uns. Auch Angestellte und Mitarbeiter schaden dem Unternehmen, wenn sie ständig übermüdet in die Arbeit kommen. Wir gehen dann ganz anders mit Kunden, Lieferanten und untereinander miteinander um. Menschen behandeln sich einfach gegenseitig schlechter und darunter leiden dann die Beziehungen.

Wer abends nicht einschlafen kann, Durchschlafschwierigkeiten hat oder immer wieder viel zu früh wach wird, dessen Widerstandsfähigkeit sinkt. Daher: Sorgen Sie dafür, dass Ihr Zimmer gut gelüftet ist. Achten Sie darauf, was Sie trinken und essen, bevor Sie ins Bett gehen. Verzichten Sie auf Ihren Schlummertrunk. Verbannen Sie alle elektronischen Geräte wie Funkwecker, iPad, Laptop, Handys und vor allem den Fernseher aus Ihrem Schlafzimmer. Das Zimmer heißt zu Recht Schlafzimmer und ist zum Schlafen da. Denn das ist längst bekannt: Das blaue Licht von Handy- und Laptop-Displays verhindert ruhigen Schlaf. Und dennoch nehmen ca. 80 Prozent der Deutschen das Handy mit ins Bett.

Was hilft noch? Rituale wie beispielsweise eine Tasse Beruhigungstee oder heiße Milch mit Honig, ein Entspannungsbad oder eine Meditation. Um leichter einzuschlafen, gibt es unterschiedliche Hilfsmittel, beispielweise Entspannungstechniken wie progressive Muskelentspannung (PME, PMR), schnelle Augenbewegungen, Klopftechniken wie Emotional Freedom Techniques (EFT), positive Selbstgespräche (Affirmationen) oder Entspannungsmusik, beispielsweise wingwave®-Musik. Manchmal unterstützen auch eine Schlafbrille und Ohropax, ohne die ich nicht mehr auf Reisen gehe, da

Hotelzimmer oft sehr hellhörig und Gäste auf den Fluren laut sind. Zugegeben, das nervt! Vor allem, wenn man nicht im Urlaub ist, sondern am nächsten Tag arbeiten darf. Und da helfen mir noch so schöne innere Bilder nichts, auch wenn diese hinsichtlich unseres persönlichen Wohlbefindens eine durchaus wirksame Funktion erfüllen, wie nachfolgendes Kapitel zeigt.

Die Macht der inneren Bilder

Nutzen Sie die Macht Ihrer inneren Bilder für Ihre mentale Gesundheit. Bauen Sie das Vorstellungstraining fest in Ihren Tagesablauf ein. Stellen Sie sich vor, wie Sie gelassen bleiben, auch wenn ein Kunde Sie anbrüllt. Wie Sie abschalten, auch wenn noch Arbeit da ist – mal ehrlich, wann ist das nicht der Fall?

Übung: Visualisieren

Visualisieren gelingt am besten im entspannten Zustand. Bei geschlossenen Augen ist es leichter, weil wir von der Umwelt nicht abgelenkt werden. Üben Sie ohne Druck! Sollten Sie anfangs Schwierigkeiten haben, innere Bilder „zu sehen", macht das nichts. Viele Menschen „spüren" oder „denken" ihre inneren Bilder. Die Kunst des Visualisierens bildet hinsichtlich Ihres Leistungsvermögens eine Brücke zwischen Geist und Körper. Beziehen Sie sämtliche Sinne (Sehen, Hören, Fühlen/Tasten, Riechen und Schmecken) in das Schaffen eines Bildes mit ein: Welche Geräusche hören Sie? Spüren Sie einen leichten Wind? etc. Die Bilder sind umso wirksamer, je detaillierter Sie sie sich vorstellen. Schreiben Sie Ihre Bilder zusätzlich auf.

Visualisieren Sie innere Bilder vom Lieblingsort in der Natur, vom Spaziergang im Wald, Sie riechen den Duft der Tannennadeln, vom letzten Urlaub, wie das Liegen am Sandstrand unter Palmen mit Blick auf das türkisfarbene, schimmernde Meer, oder von einem Ruheort. Das kann ein live erlebtes oder konstruiertes inneres Bild sein. Wenn Sie einen Ruheort gefunden haben, an dem Sie sich wohl und geborgen fühlen, können Sie immer wieder zu ihm im Kopf zurückkehren, wann immer Sie eine kleine Auszeit vom Alltag brauchen.

Achten Sie dabei auf Ihre Emotionen. Was fühlen Sie? Kehrt ein wenig die Entspannung aus dem letzten Urlaub zurück, wenn Sie Bilder davon im „Kopfkino" ansehen? Freuen Sie sich, wenn Sie an Ihren Ruheort denken? Laden Sie Ihr Bild mit positiven Emotionen auf. Emotionen spielen eine Schlüsselrolle beim Speichern und Abrufen von Erinnerungen. Jede Erinnerung aktiviert gleichzeitig die daran gekoppelten Emotionen.

Visualisierungen sind ein effektives Mittel zur Selbstbeeinflussung und wirken auf unser persönliches Wohlbefinden, auf unsere mentale Gesundheit, ja, auf unser gesamtes Leben. Sie sind einfach durchzuführen und durch Übung werden sie immer intensiver. Auch Russell Glass, Headspace-CEO, nutzt diese Technik: „Meine Lieblingsmethode ist die Visualisierung. Ich stelle mir zum Beispiel vor, dass Sonne auf meinen Kopf scheint und sich das Licht in meinem ganzen Körper verteilt. Das ist eine wunderbare Art, morgens in den Tag zu starten."[15]

Aus persönlicher Erfahrung kann ich Ihnen sagen, dass ihre Wirkung manchmal fast schon an Zauberei grenzt und wünsche Ihnen von Herzen, dass auch Sie diese Wirkung spüren werden.

Besser abschalten

Puh, war das ein anstrengender Tag! Ein langes Meeting am Morgen, unzählige Telefonate und den Temin am späten Nachmittag bei einem wichtigen Kunden gerade noch so auf die allerletzte Minute geschafft! Auf dem Weg nach Hause, überlegen Sie, nach dem Abendessen noch schnell die E-Mails durchzuschauen …

Wie gelingt es Ihnen, wenn Sie nach einem solchen Arbeitstag nach Hause kommen, sich selbst zu entspannen und ebenso mit Kopf und Herz für die Familie da zu sein? Auch wenn viele inzwischen so gut wie immer mit der Arbeit verbunden sind, weil ihre E-Mails aufs Handy weitergeleitet werden und die Smartwatch sofort anzeigt, wenn eine neue Nachricht eingeht, ist es umso wichtiger, die Arbeit auch einmal Arbeit sein zu lassen und den Feierabend oder das Wochenende bewusst zu genießen. Abschalten können, ist wichtig für die mentale und körperliche Gesundheit. Aber auch um Leistung erbringen zu können, vor allem punktgenau am Tag X, braucht es das richtige Maß an An- und Entspannung. Dafür muss in meinen Augen übrigens nicht nur das Unternehmen, sondern auch jeder selbst sorgen. Kein Mensch muss 24 Stunden 7 Tage die Woche nahezu auf allen Kanälen erreichbar sein!

Was sind die Gründe, dass uns das Abschalten so schwerfällt? Ein Grund ist sicher der Gebrauch von Smartphones, Tablets, iPads, die neben dem Bett liegen, statt sie auf dem Schreibtisch oder in der Arbeitstasche zu lassen. Abends auf der Bettkante ein letzter Blick auf LinkedIn, Instagram & Co., kurz noch E-Mails checken … Und wenn Sie mal nicht Ihr Handy oder iPad in der Hand haben, dann kreisen Ihre Gedanken um den Job. Erschwert wird die ganze Situation durch das Homeoffice, wenn die Arbeit rund um die Uhr in Sichtweite ist.

Ab und an gehe ich mit einem Bekannten, der Geschäftsführer eines mittelständischen Unternehmens ist, in die Berge. Er meist mit gesenktem Kopf voran. Wenn ich ihn frage: „Hey, wo bist du denn mit deinen Gedanken?“, dann gibt er ehrlich zu, dass er bei den nächsten Tagungen und Veranstaltungen ist, die er zu organisieren hat, bei Mitarbeitern, die ausfallen, bei Zahlen. Viele Menschen sind wie er am Wochenende oder im Urlaub mit dem Kopf immer noch im Büro. Hilfreich sind dann Rituale, um den Routinen zu entfliehen.

Routinen und ein Feierabend-Ritual

Wer von Ihnen spielt Golf? Ich selbst habe aus dem Golfsport ein Ritual für mich für den Alltag mitgenommen.

Übung: Mentales Momentum

Auf dem Golfplatz, wenn ich einen Ball gespielt habe und der vielleicht nicht so weit oder in eine ganz andere Richtung, als ich wollte, geflogen ist, dann kann ich mich schon auch mal sehr über mich selbst und mein Spiel ärgern. Ich weiß aber mittlerweile auch, dass, wenn ich diesen Ärger mit zum nächsten Ball nehme, dieser garantiert keinen Deut besser werden würde als der Ball davor. Daher ziehe ich für mich vor meinem inneren Auge (Kopfkino) um den Ball einen Kreis mit einem Durchmesser von etwa einem Meter. Ich nenne die Übung das mentale Momentum oder „mentales Wohnzimmer“. Solange ich mich in diesem Kreis befinde, kann ich kurz analysieren, woran es lag, dass der Schlag misslungen ist, und darf mich auch ärgern. Meine Wut baue ich als Kinästhet durch eine kleine Bewegung ab.

> *Wenn ich meinen imaginären Kreis verlasse und mich auf den Weg zum nächsten Ball mache, dann komme ich zurück ins Hier und Jetzt. Wie mache ich das? Indem ich die Natur beschreibe. Die Natur ist jeden Tag anders. Oder indem ich auf meine Atmung achte – durch die Nase ein, durch den leicht geöffneten Mund aus usw. Denn wann findet Atmung statt? Genau, jetzt. Wenn ich wieder zum Ball komme, dann betrete ich wieder mein „mentales Wohnzimmer", bereite mich auf den kommenden Schlag vor (Pre-Shot-Routine) und weiter geht's.*

Was heißt das nun für unseren Berufsalltag? Überlegen Sie sich ein Feierabendritual. Beginnen Sie im Büro. Sie klopfen sich auf den Oberschenkel als Startsignal. Sie schreiben eventuell noch die drei wichtigsten To-dos für morgen auf einen Zettel. So können Sie sicher sein, dass nichts verloren geht. Sie fahren den Rechner runter. Sie verlassen das Büro, halten noch mal im Türrahmen kurz inne, überlegen, ob Sie alles erledigt haben und jetzt auch all Ihre Gedanken und Aufgaben hier im Büro lassen können. Dann gehen Sie schnurstracks zum Auto bzw. verlassen das Unternehmen, ohne mit Kollegen erneut über berufliche Themen zu reden.

Sie fahren mit Ihrem Auto, Fahrrad, Zug oder S-Bahn nach Hause, machen noch mal an einem bestimmten Punkt – das kann zum Beispiel das Ortsschild sein – einen kurzen Check. Wenn Sie mit Ihren Gedanken immer noch im Beruf sind, dann parken Sie zum Beispiel Ihr Auto auf dem nächsten Parkplatz und machen einen kurzen strammen Spaziergang in der Natur. Das hilft, um Ihren Kopf wirklich komplett freizubekommen. Erst dann fahren Sie nach Hause, wo Sie sich umziehen. Das ist wichtig! Sie werden bei einem Wettkampfsportler nie erleben, dass er seine Wettkampfkleidung den restlichen Tag anbehält. Mit dem Anziehen der Wettkampfkleidung geht man in den Wettkampfmodus und wenn man sich wieder umzieht, dann ist der Wettkampfmodus zu Ende. Schönen Feierabend!

> ***Beispiel: Feierabendritual optimieren***
> *Eine meiner Kundinnen arbeitet unter der Woche in Schweden und kommt am Freitag mit dem Flieger nach Hause. Sie sitzt anschließend mit ihrem Mann bei einer Tasse Kaffee zusammen. Um all das, was sie in der letzten Arbeitswoche erlebt hat, zu erzählen, sprudelt es nur so aus ihr heraus. Dadurch beansprucht Sie meist erst einmal den größten Redeanteil für sich. Ihr Mann hat ihr nach einigen Wochen erklärt, dass er sich mit seinen Themen so alleingelassen fühle. Daher haben sie sich darauf geeinigt, dass beide für eine Kaffeetassenlänge über die beruflichen Themen der letzten Woche erzählen dürfen, und dann ist Schluss damit für das Wochenende. Manchmal braucht einer von beiden etwas mehr Zeit und die Kaffeetassenlänge ist dann ein wenig länger.*

Ich hatte einen Unternehmensberater im Coaching, der, wenn er freitags von seinen Auswärtsaufträgen nach Hause kam, erst einmal in seinem Musikkeller verschwunden ist, um abschalten zu können. Das Dumme daran war: Er tauchte oftmals überhaupt nicht mehr auf. Wenn Sie also eine Aktivität, die Ihnen Spaß macht (und das soll sie ja auch), als Abschalt-Ritual in Ihr Leben integrieren, dann stellen Sie sich bitte einen Wecker, damit Sie spätestens zum gemeinschaftlichen Abendessen mit der Familie oder Ihrem Partner wieder auftauchen.

Ein paar weitere Tipps zum Abschalten in aller Kürze:

- **Bildschirme und Computer**
  Ich habe alle elektronischen Geräte wie Laptop und Handy aus meinem Schlafzimmer verbannt. Ich nehme keine Arbeit mit ins Schlafzimmer bzw. Bett. Bitte im Schlafzimmer kein Fernseher oder Filme auf dem iPad anschauen. Ein heller Bildschirm bringt den natürlichen Rhythmus des Körpers aus dem Gleichgewicht.
- **Interessen und Hobbys**
  Finden Sie Ausgleichstätigkeiten oder ausgleichende Aktivitäten. Für mich sind das zum Beispiel Schwimmen im Simssee im Sommer, Rad fahren oder kleine Bergwanderungen. Durch die Bewegung wird das Adrenalin in meinem Körper abgebaut, ein optimaler Ausgleich für mein busy Leben. Tun Sie dies Ihrer Gesundheit zuliebe.
- **Sport und Bewegung**
  Dafür braucht es kein Fitnessstudio. Gehen Sie stattdessen in die Natur, machen Sie eine kleine Wanderung, walken Sie oder machen Sie einen strammen Spaziergang, wenn möglichst dreimal die Woche. Ergänzt mit zweimal die Woche zehn Minuten Krafttraining haben Sie schon sehr viel für Ihre körperliche und mentale Gesundheit getan.
- **Natur als Heilmittel**
  Ein Spaziergang im Wald senkt nachweislich den Blutdruck. Manche Menschen schwören gar auf die Umarmung eines Baumes. Was einigen vielleicht esoterisch anmutet, hat laut Süddeutsche Zeitung vom 6. Mai 2022 einen durchaus medizinischen Hintergrund: „Ärzte in Kanada können neuerdings ein Mittel verschreiben, über das man zunächst staunen mag: Zeit in der Natur. Bei der

sogenannten Park Prescription handelt es sich nicht um ein Medikament im pharmazeutischen Sinne – sondern um die dringende Empfehlung, sich im Dienste der Gesundheit mal an die frische Luft zu begeben. […] Dahinter steht die Erkenntnis, die in Hunderten Studien belegt ist: […] Die Natur an sich wirkt heilend."

- **Bücher**

  Was tun Sie vor dem Einschlafen, um runterzukommen? Ich greife fast immer zu einem entspannenden Buch, denn Fachliteratur lese ich tagsüber oft und viel genug. Ich bin oftmals von langen Autofahrten oder beruflichen Reisen, von Krafttraining oder Sport noch zu aufgekratzt, um direkt ins Bett zu gehen und schlafen zu können.

- **Entspannungstechniken, wie progressive Muskelentspannung, Yoga, Meditation & Co**

  Ich präferiere die progressive Muskelentspannung, weil man hierbei als „Nebenwirkung" eine bessere Wahrnehmung für den eigenen Körper entwickelt. Es gibt Apps, DVDs oder VHS-Kurse, mithilfe derer Sie solche Techniken lernen können. Probieren Sie verschiedene Techniken aus und entscheiden Sie, welche Entspannungstechnik am besten zu Ihnen passt.

- **Umfeldmanagement**

  Überlegen Sie, mit wem Sie Ihre Freizeit verbringen. Es ist natürlich nett, sich auch außerhalb des Büros noch auf ein Glas mit Kollegen zu treffen. Doch, um was wird es dann meist in den Gesprächen gehen? Meist um die Arbeit – damit steigen Sie gedanklich wieder in berufliche Themen ein. Entspannung stellt sich so eher selten ein. Verbringen Sie Ihre Freizeit mehr mit Familie oder Freunden, bei denen sich Gespräche nicht automatisch und sofort um die Arbeit drehen.

Falls die Gedanken beruflicher Art immer noch durch Ihren Kopf kreisen, wenn Sie zum Beispiel mit Ihren Kindern im Garten spielen oder Sie faul am See liegen, oder es fällt Ihnen spontan etwas ein, was Sie auf keinen Fall vergessen dürfen – verurteilen sie sich nicht selbst dafür, sondern schreiben Sie Ihre Gedanken auf. Kein Zettel dabei? Ihr Handy sicher. Ich schicke mir dann eine E-Mail ins Büro mit den To-dos, die ich nicht vergessen möchte. So kann ich entsprechende Gedanken loslassen, weil ich ja weiß, dass ich im Büro per E-Mail wieder daran erinnert werde.

Digital Detox

Digital Detox bedeutet Entschleunigung von der Last der Informationslust. Als selbstständige Keynote Speakerin, Mental Coach und Trainerin gehört das Thema Social Media Marketing zu meinen täglichen Pflichten. Ich kann darauf nicht verzichten. Doch manches Mal frustriert es mich, zu sehen, dass Social Media-Profile für viele Menschen wichtiger sind als das Persönlichkeitsrecht des Anderen. Es gibt zahlreiche Beispiele für Shitstorms, ausgelöst von umstrittenen Meinungen, Verhaltensweisen oder Entscheidungen. Doch was gewinnen wir damit? Steht es uns zu, so radikal über jemanden zu richten? Was macht uns zu einem besseren Menschen als denjenigen, den wir kritisieren? Wäre es nicht viel menschlicher, Contenance zu wahren und sich mit dem Standpunkt des anderen auf andere Weise auseinanderzusetzen?

Digital Detox dient dem Verzicht auf Vorverurteilungen, hin zu mehr Empathie. Digital Detox dient dem Abschied von der Leichtfertigkeit, hin zur Achtsamkeit.

Wie lange ist es her, dass Sie beim Zugfahren einfach nur aus dem Fenster in die vorbeiziehende Landschaft geschaut haben, statt zu chatten oder auf dem Laptop zu arbeiten? Wann haben Sie sich das letzte Mal länger mit Mitreisenden unterhalten, von Angesicht zu Angesicht statt von Nachricht zu Nachricht? Ich gewöhne mir gerade wieder an, solche digitalen Auszeiten in meine Reisezeit zu integrieren. Eines hilft mir dabei: Dass mein Smartphone nicht in Griff- und Sichtweite ist, sondern ausgeschaltet in meiner Tasche. Was nicht verfügbar ist, verlockt nicht und bietet keinen Anlass für Unterbrechungen, sondern jede Menge Raum zur Reflektion und Regeneration, zum Austausch und Aufeinander einlassen. Digital Detox heißt, sich auf den Moment im Hier & Jetzt, dort, wo ich physisch bin, einzulassen, sein reales Umfeld wahrzunehmen und es zu würdigen.

Wenn das Social Media-Profil wichtiger ist als das Persönlichkeitsrecht des Anderen

Hand aufs Herz: Wie oft werden Sie auf einer Bahnreise oder abends auf dem Weg nach Hause in öffentlichen Verkehrsmitteln Zeuge von Telefonaten, wo Persönliches vom Partner, von Kindern, von Mitarbeitern, Chefs, Kunden oder Klienten sorglos in die Welt posaunt wird? Und wie oft fotografieren Sie mit dem Handy nicht nur eine Landschaft oder ein Bauwerk, sondern auch fremde Menschen, die Sie nicht um Erlaubnis fragen, ob sie damit einverstanden sind? Die Fotos werden gepostet, geteilt und gespeichert, ohne jede Rücksicht auf Datenschutz und Einverständnis des Anderen. Mit der digitalen Kommunikation und dem Smartphone als allzeitbereite Kamera sind die Persönlichkeitsrechte in den Hintergrund gerückt, im Vordergrund steht vielmehr der Instagram-taugliche Schnappschuss.

Pausen dienen nicht nur der körperlichen, sondern auch der mentalen Regeneration

Dienstliche E-Mails auch am Wochenende und im Urlaub zu checken, gehört für viele mittlerweile zur Routine. Häufig höre ich als Argumentation für dieses Verhalten die Begründung: „Wenn ich aus dem Urlaub zurückkomme, habe ich sonst so viele E-Mails, dass es Tage dauert, bis ich sie abgearbeitet habe. Also checke ich lieber zwischendurch mal den Stand der Dinge." Darin verbirgt sich ein Widerspruch. Auf der einen Seite beschweren sich die Menschen über Überforderung, auf der anderen Seite wollen sie nicht loslassen, um nach der Rückkehr nicht überfordert zu sein.

Ja, das Smartphone bietet uns mit seiner Vielseitigkeit jede Menge Anlass, uns abzulenken und macht uns im wahrsten Sinne des Wortes das Abschalten schwer. Dabei braucht unser Gehirn zur Regeneration reizarme Zeiten. Zeiten, in denen wir uns gleichzeitig in Selbstkontrolle üben. Nicht jedem Impuls folgen, sondern die Hände und Augen ruhen lassen. Gedanken nachhängen, die Natur betrachten oder mit geschlossenen Augen die innere Einkehr suchen. Warum tun wir uns so schwer damit? Fürchten wir, nur Leere und Langeweile anzutreffen? Wir täten gut daran, diese willkommen zu heißen. Denn sie hilft uns, in uns hineinzuhorchen, uns neu auszurichten, das Vergangene Revue passieren zu lassen und die nächsten Schritte mental vorzubereiten. Das sichert uns auch über den Tag hinweg unsere Konzentrationsfähigkeit. Digital Detox heißt, sich wertvolle Pausen zu bescheren, die Entspannung ermöglichen, auch mental.

5 Tipps und Übungen fürs Digital Detox:

1. **Protokollieren Sie Ihre Handynutzung**
   Installieren Sie eine App, die den Gebrauch dokumentiert, z. B. App Usage Tracker (gibt's im Google Play Store) oder für iPhones die Funktion Bildschirmzeit. Dann können Sie am Ende des Tages sehen, ob Ihre eigene Einschätzung mit der tatsächlichen Nutzungsdauer übereinstimmt – und sich für den nächsten Tag das Ziel setzen, die Zeit zu unterbieten.

2. **Grünes Licht für Grau**
   Richten Sie Ihre Nutzeroberfläche so ein, dass sie sich ab 19 Uhr auf eine graue Fläche umschaltet und damit keinen Anlass bietet, nachzuschauen, wie viele Nachrichten Sie auf welchem Kanal erhalten haben. Wenn Sie noch in sozialen Netzwerken unterwegs sein wollen, stellen Sie sich die Uhr und legen Sie eine limitierte Zeit dafür fest.

3. **30 Tage Social Media-Diät**
   Wagen Sie es und verzichten Sie einen Monat lang auf soziale Netzwerke. Damit stellen Sie das tägliche Post-Gewitter auf stumm und finden Gelegenheit, Ihre eigene Stimme wiederzuentdecken – mit eigenen Gedanken, Lösungsansätzen, Rückschlüssen, Erinnerungen und Eindrücken. Unbeeinflusst von dem „Like" der anderen, gefiltert nur durch Ihre eigene Wahrnehmung. Eine reinigende Erfahrung.

4. Die 1:1:1-Regel:

Gehen Sie eine Stunde, bevor Sie ins Bett gehen, einen Nachmittag in der Woche und eine komplette Woche im Jahr bewusst offline. Die Stunde vor dem Zubettgehen können Sie z. B. zum Meditieren oder Lesen nutzen. Ihren Offline-Nachmittag können Sie dafür nutzen, um einen ausgedehnten Spaziergang im Wald zu machen oder sich auf einen Kaffee mit einer Freundin zu treffen.

5. Telefonfreie Zonen

Es hilft, wenn Sie sich in der Familie oder mit Ihrem Partner auf Wohnbereiche einigen, wo der Gebrauch von Handys untersagt ist. Das sollten auf jeden Fall der Esstisch und das Schlafzimmer sein, evtl. die Küche, der Ort der Begegnung bei vielen Familien. Das erlaubt Ihnen, Gespräche mit Augenkontakt bei gemeinsamen Mahlzeiten zu führen und sich gegenseitig volle Aufmerksamkeit zu schenken.

Wofür auch immer Sie sich entscheiden, ich wünsche Ihnen von Herzen, dass Sie ein Bewusstsein für die Gefahren unserer schönen neuen digitalen Kommunikationswelt entwickeln, das Ihnen hilft, mit einem guten Selbstmanagement den digitalen Verlockungen regelmäßig zu widerstehen. Damit Sie Social Media & Co. im Griff haben, und nicht umgekehrt. Ihre Mentale Gesundheit wird es Ihnen danken!

Gelingende Beziehungen gestalten

Im Gegensatz zur digitalen und virtuellen Welt, ohne die wir zugegeben nicht mehr auskommen, gibt es auch noch andere Welten. Beispielsweise unsere innere Welt, in der unsere seelische Zufriedenheit für unser psychisches Wohlbefinden eine große Rolle spielt. Aber auch eine äußere Welt, die uns täglich vor die eine oder andere Herausforderung stellt. Es ist eine Welt voller Menschen, in der wir miteinander agieren, uns treffen und uns austauschen. Vielleicht müssen wir das nach Corona ein Stück weit wieder lernen. Uns einzulassen auf Emotionen, die in der digitalen Welt nicht immer ganz offensichtlich waren. Uns einzulassen auf Menschen, die zu ihrer individuellen Persönlichkeit stehen und denen immer wichtiger wird, in ihrer ganz persönlichen Natur auch wahrgenommen zu werden. Menschen, die sich trauen, anders zu sein und uns damit ermöglichen, uns ebenfalls so zu zeigen, wie wir sind.

Wir sind Gestalter unseres Lebens. Also haben wir es auch in der Hand, wie wir unsere Beziehungen gestalten. Durch diese Beziehungen und unsere Umgebung können wir unsere Empfindungen, vor allem aber unser persönliches Wohlbefinden beeinflussen – also im Idealfall zum Positiven verändern. Dumm nur, dass unser Fokus in Beziehungen oftmals eher auf das Negative ausgelegt ist, d.h. wir erinnern uns eher an schlechte Erfahrungen und Erlebnisse als an Positive. Ein guter Grund, dieses Verhalten einmal ganz bewusst wahrzunehmen und zu verändern. Vor allem, weil Studien immer wieder eines beweisen: Menschen in funktionierenden sozialen Beziehungen sind zufriedener, motivierter und gesünder.

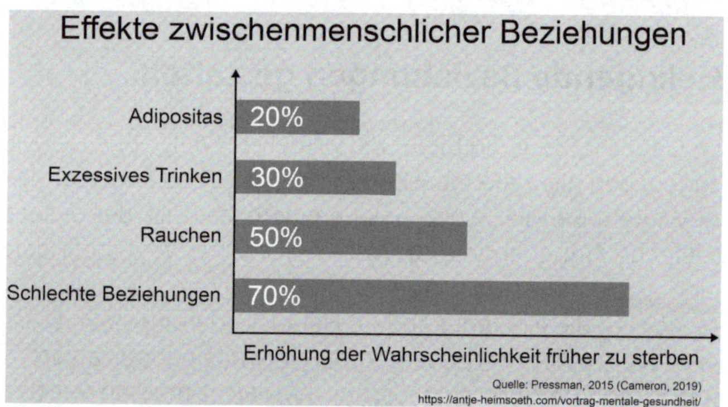

Wer Partnerschaft, Familie und Freundschaft pflegt, anstatt sich sozial zurückzuziehen, wer positive Kommunikation und intensive Beziehungen hat, schützt sich vor Erschöpfung. Also ein ganz klares ‚Ja' zur Pflege gelingender Beziehungen.

Übung: Beziehungsanalyse

Wie steht es um Ihre eigenen persönlichen und privaten Beziehungen? Nehmen Sie sich jetzt ein Blatt Papier und stellen Sie in einem Schaubild Ihre Beziehungen dar. Sie befinden sich als „Ich" in der Mitte des Beziehungsgeflechts. Rund um Sie befinden sich die Menschen, mit denen Sie in Beziehung stehen. Sie können die Bedeutung der Beziehungen durch die Strichstärke symbolisieren oder auch, wie nah oder weiter entfernt die entsprechenden Personen von Ihnen sind. Bewerten Sie Ihre Beziehungen: – – steht für sehr schlechte, belastende Beziehungen,

– für schlechte, 0 für „neutrale" Beziehungen, + für gute und ++ für sehr gute, intakte Beziehungen. Betrachten Sie das Beziehungsgefüge und schauen Sie, ob noch jemand fehlt.

Betrachten Sie nun die Zeichnung einmal genauer: Wie ist es um Ihre Beziehungen bestellt? Was ist Ihnen wichtig in diesen Beziehungen? Wo entdecken Sie bei näherer Betrachtung Mängel und Defizite? Welche Auswirkungen haben diese – auf Ihre Familie, auf Ihre Arbeit, auf Sie selbst, auf die Stimmung etc.? Welches Ergebnis wünschen Sie sich? Welche konkreten Schritte können Sie tun, um die Beziehungen zu verbessern? Was werden Sie anders machen als bisher? Tatsache ist: Es ist immer ein Zusammenspiel zwischen unserem persönlichen Wohlbefinden und dem zwischenmenschlichen Miteinander sein, dass uns mental stärkt und gesund hält.

Auf den Punkt gebracht

- Unser subjektives Wohlbefinden wird von der Zufriedenheit bzw. dem Glück, nach dem wir alle streben, beeinflusst. Ein wichtiger Faktor dabei ist Dankbarkeit. Sie ist ausschlaggebend für unsere psychische Gesundheit. Unser Fokus sollte deshalb auf positiven Emotionen, Stärken und positiven Eigenschaften – bei uns selbst und anderen – liegen.
- Stress kann positive oder negative Auswirkungen auf unsere mentale Gesundheit haben – je nachdem, wie wir ihn bewerten und wie hoch der Grad ist. Wichtig zu wissen ist, wie wir unser Stresslevel verringern können, um auf Dauer mental gesund zu bleiben.

- Mindfulness sorgt dafür, dass wir in Balance sind, achtsam mit unserem Geist und Körper, mit unseren Mitmenschen, dem Umfeld und Leben im Allgemeinen umgehen. Zentral dabei ist, dass wir im Hier und Jetzt leben.
- Selbstwirksamkeit ist der Schlüssel. Wer Vertrauen in seine eigene Handlungskompetenz hat und weiß, dass er Herausforderungen bewältigen kann, bleibt Kapitän an Bord seines Schiffs.
- Digitale Pausen dienen der mentalen Regeneration – ein wichtiger Faktor für unsere Gesundheit.

Mentale Stärke trainieren

Manche Menschen sind mit mentaler Stärke gesegnet. Die meisten allerdings erleben Momente oder längere Strecken, in denen sie sich mental wenig stark fühlen. Mentale Stärke ist kein Geschenk, lässt sich allerdings gut trainieren. In diesem Kapitel lesen Sie mehr zu:

- Warum wir unsere Einstellung ändern können und müssen.
- Welche Rolle Glück, Traurigkeit und Dankbarkeit spielen.
- Wie wir unsere Resilienz und unsere mentale Stärke am besten ausbilden.

Die Einstellung macht den Unterschied

Bevor wir uns damit beschäftigen, wie sich mentale Stärke trainieren und damit auch unsere mentale Gesundheit erreichen und stabilisieren lässt, kommt es darauf an, zunächst einmal zu schauen, wo Be- oder Überlastungen überhaupt entstehen. Eine solche Bestandsaufname macht schnell deutlich, dass ein Auslöser von und für Überlastung nicht ausschließlich die Arbeit ist, sondern oft auch private Konflikte, familiäre Probleme oder Beziehungsstress. All das ist nichts Ungewöhnliches und Sorgen gehören hier und da zu unserem Leben dazu. Falls diese allerdings einen zu großen Stellenwert einnehmen, sozusagen unsere Gedanken sich nur noch darum drehen, ist Vorsicht geboten. Wenn Körper und Psyche leiden, können beide dauerhaft Schaden davontragen.

Viele Menschen schaden sich selbst durch (übertriebenen) Perfektionismus, (zu) hohe Erwartungen an andere und sich selbst, manchmal aber auch durch Faulheit oder Bequemlichkeit. Gerade letzteres verhindert allzu oft nicht nur den Erfolg, sondern verursacht – so erstaunlich das auch klingt – zugleich eine gefühlte Überlastung. Weil wir nur etwas tun, wenn wir es müssen – oder weil andere es von uns verlangen – und wir es wirklich nicht mehr länger aufschieben können. Eine zentrale Frage lautet deshalb:

Lieben Sie das, was Sie tun?

Wenn Sie Ihr Leben lang einer Arbeit nachgehen, die Ihnen keine Freude bereitet, dann kann sie das definitiv mental schwächen und auch psychisch sowie physisch krank machen: Manchmal fragt man sich ja, aus welchen Gründen arbeiten manche Menschen extrem viel, ohne dass sie je ein gesundheitliches Problem haben und andere werden von einer sehr geregelten Arbeit krank. Nachdem wir uns bis zu dieser Stelle im Buch bereits sehr intensiv mit mentaler Gesundheit beschäftigt haben, fällt die Antwort leicht: Resiliente und emotional starke Menschen haben weniger Themen mit Überlastung und Überforderung – und das ist auch deshalb so, weil sie das, was sie tun, mit Freude tun.

Fangen Sie bei sich selbst an und stecken Sie andere durch Ihre Begeisterung und Freude an. Auch, wenn das manchmal nicht leicht ist, weil um uns herum zu viele negative Informationen auf uns einströmen. Man braucht das Internet oder den Fernseher nur einzuschalten – schlechte Nachrichten bestimmen unseren Alltag. Selten gibt es neben nationalen

Problemen und internationalen Katastrophen einen Platz für Positives. Gerade in den letzten Jahren haben wir kaum verschnaufen können zwischen Pandemie, Krieg und der steigenden Inflation. Irgendwo gibt es immer eine Krise – und die Medien stürzen sich ebenso darauf wie die Menschen, wenn sie nach der Berichterstattung alles auf Social Media noch einmal intensiv diskutieren. Es gibt kaum ein Entrinnen – außer Digital Detox (bei Bedarf lesen Sie einfach nochmal die Tipps auf den Seiten 81 und 82). Verfolgen wir menschliche Dramen medial, sind wir dadurch teilweise länger gestresst als die Betroffenen vor Ort. Sicherlich bedingt durch die Bilder, die in einer Schnelligkeit und Intensität auf uns einströmen, übertrifft die mediale Wirklichkeit also die Wirklichkeit vor Ort – zumindest was die Wahrnehmung und menschliche Verarbeitung der Eindrücke anbelangt. Rutger Bregman hat in seinem Buch „Im Grunde gut. Eine neue Geschichte der Menschheit" einen spannenden Vergleich angestellt:

Beispiel: Droge Nachrichten

„Stellen Sie sich vor: Morgen kommt eine neue Droge auf den Markt. Sie macht extrem süchtig und verbreitet sich in kürzester Zeit unter der Bevölkerung. Die Wissenschaftler recherchieren ausgiebig und kommen zu dem Schluss, dass die Einnahme der Droge, ich zitiere, von ‚Fehleinschätzung von Risiken, Angst, negativen Gefühlen, anerzogener Hilflosigkeit, Feindseligkeit gegenüber anderen und Abstumpfung' (Jodie Jackson „Publishing the Positive. Exploring the Motivations for and the Consequences of Reading Solutions-focused Journalism. Constructive Journalism Projekt, Herbst 2016) begleitet wird. Würden wir die Droge einnehmen? Dürften unsere Kinder sie konsumieren? Würde die Regierung sie gar legalisieren?

> *Die Antwort lautet dreimal ja. Ich spreche nämlich von einer der größten Abhängigkeiten unserer Zeit. Von einem Suchtmittel, das wir jeden Tag konsumieren, das stark subventioniert wird. Die Nachrichten. Ich bin noch mit der Vorstellung aufgewachsen, […] je intensiver wir die Nachrichten verfolgen, desto besser sind wir informiert, desto gesünder ist die Demokratie. […] Wissenschaftler kommen inzwischen zu ganz anderen Schlussfolgerungen. Es gibt Dutzende Studien aus den Kommunikationswissenschaften, die belegen, dass Nachrichten der geistigen Gesundheit schaden (siehe z. B.: Wendy M. Johnston und Graham C.L. Davey, „The psychological impact of negative tv news bulletins: The catastrophizing of personal worries". British Journal of Psychology, Vol. 88, Issue 1, 1997)."*

Ich kann das sehr gut nachvollziehen! Wir alle sind mit den Tagesthemen und der Tagesschau aufgewachsen. Unsere Eltern wollten wissen, was in Deutschland und der Welt passiert. Damals war das, neben der Tageszeitung, die einzige Nachrichtenquelle. Heute ist das anders. Via Internet strömen minütlich die neuesten Infos aus der ganzen Welt auf uns ein. Wir können es fast nicht mehr vermeiden, überall nahezu live dabei zu sein. Mittendrin im Kriegsgeschehen, bei Unfällen und Katastrophen.

Zwischen Glück und Traurigkeit

Wenn wir nicht krank sind, uns also physisch und psychisch gut fühlen, sind wir dann automatisch gesund? Ist unser persönliches Wohlbefinden dadurch sichergestellt, wenn wir kein Unwohlsein empfinden? Eine ähnliche Diskussion wurde schon einmal rund um den Begriff Glück geführt: Ist die Abwesenheit von Unglück automatisch Glück? Ich denke, wir alle können bestätigen, dass dem nicht so ist. Dass es unendlich viele Grautöne zwischen dem Schwarz des Unglücks und dem Weiß des Glücks gibt. Auch die Positive Psychologie, der wir uns in diesem Kapitel noch widmen, kommt zu dem Schluss, dass man die Dimensionen des psychischen Wohlbefindens und das psychische Unwohlsein sehr differenziert betrachten muss.

Es gibt im Leben nun mal viele Tage, an denen wir tun, was wir tun (müssen), bzw. was von uns verlangt wird, und hinnehmen, was kommt (etwas anderes bleibt uns auch gar nicht übrig, siehe Pandemie) – mehr aber auch nicht. Wir bewältigen mehr, als dass wir gestalten, empfinden uns eher als passiv statt aktiv. Natürlich sind wir deshalb noch lange nicht psychisch krank, aber wir strotzen auch nicht vor Well-Being. Auf der anderen Seite muss uns auch klar sein, dass weder das eine noch das andere ein Dauerzustand ist oder sein muss. Manchmal müssen wir wohl oder übel mit Einschränkungen leben (wie in der Pandemie), manchmal erleben wir Phasen hoher Vitalität, in denen plötzlich alles Sinn macht und sich eines zum anderen fügt. Manchmal sind wir traurig, fühlen uns erschöpft und hilflos, ein anderes Mal erkennen wir das große Glück in vielen kleinen Dingen und Gegebenheiten. Erreichen wir im Leben – und ich kann aus eigener Erfahrung sagen, dass das fortschreitende Alter hier einige Vorteile hat – letztendlich ein gewisses Maß an Gelassenheit, durch die wir weder dem einen noch dem anderen Extrem zu viel Bedeutung beimessen, ist psychisches Wohlbefinden tatsächlich kein unerreichbares Ziel.

Es war Abraham Maslow, ein US-amerikanischer Psychologe, der bereits 1954 den Begriff der „Positiven Psychologie" erstmals verwendete, aber erst in den 1990er-Jahren erfuhr das Konzept durch Martin Seligman breite Aufmerksamkeit. Der ebenfalls US-amerikanische Psychologe hat sich voll und ganz dem Thema verschrieben. Nach den ersten Erkenntnissen, die er in seiner Authentic-Happiness-Theory 2002 darlegte, hat Seligman 2011 mit der Well-Being-Theory sogar noch einmal nachgelegt. Neben den ursprünglichen drei Wegen zum Glück (1. Positive Emotionen in der Vergangenheit/Dankbarkeit, Gegenwart/Vergnügen oder Zukunft/Zuversicht, 2. Persönliches Engagement und 3. Sinn) kamen im zweiten Schritt die beiden Aspekte positive Beziehungen und Errungenschaften dazu. Letztere bedeuten, durch ein Ziel, an dessen Erreichen man täglich arbeitet, das Gefühl zu haben, im Leben vorwärtszukommen. In seinem Buch

„Flourish" aus dem Jahr 2012 stellt Seligman sein neues dynamisches Konzept eines multidimensionalen Wohlbefindens vor. Die Anfangsbuchstaben der englischen Namen der oben genannten fünf Komponenten bilden das Akronym PERMA (pleasure/positive emotions, engagement, relationships, meaning und accomplishment).

In einem umfassenden Statement zu „Die Positive Psychologie und das PERMA-Modell"[16] schreibt im April 2021 die Autorin Nina Wolf: „Das Interesse daran, was Menschen zufrieden, leistungsfähig und widerstandsfähig macht, wächst insbesondere in Zeiten, in denen die Herausforderungen an die mentale Gesundheit groß sind. Die Hoffnung, durch Interventionen aus der Positiven Psychologie einen Beitrag zur Stärkung der mentalen Gesundheit zu erfahren, sind groß und berechtigt." Genau aus diesem Grund schauen wir uns das PERMA-Modell jetzt einmal etwas genauer an.

PERMA

Positive Emotionen	Engagement	Positive Beziehungen	Sinn	Leistung Erfolg
Sich gut fühlen und optimistisch sein.	In einer Tätigkeit aufgehen.	Enge Beziehungen zu anderen haben.	Zu etwas gehören, das größer ist als man selbst.	Das Gefühl haben, etwas erreicht zu haben.

PERMA steht für fünf Säulen, auf denen unser persönliches Wohlbefinden ruht und die zugleich ausschlaggebend dafür sind, wie zufrieden wir uns letztlich fühlen. Ist die Skala in allen Bereichen einigermaßen hoch, führen wir insgesamt ein psychisch gesundes Leben und sind so auch mental gewappnet, sollte uns doch mal etwas aus der Bahn zu werfen drohen.

1. Positive Emotionen

Negative Einflüsse und Erlebnisse umgeben uns täglich und wir können das auch nicht verhindern. Umso wichtiger ist es, so oft es geht und regelmäßig für bewusste positive Emotionen zu sorgen. Fokussieren wir uns also auf gute Gefühle, die sich laut Seligman sowohl in der Vergangenheit in Form einer rückblickenden wohlwollenden Dankbarkeit, in der Gegenwart als augenblickliches Vergnügen oder Belohnung für ein erreichtes Ziel als auch in der Zukunft in Form einer zuversichtlichen Hoffnung realisieren lassen. Tipp: Dankbarkeitstagebuch schreiben!

2. Engagement

Dieser Faktor beschäftigt sich mit der Frage, ob man z. B. in einer Aufgabe völlig aufgeht und die Zeit beim Arbeiten vergisst. Seligman bezieht sich hier darauf, in seinen Stärken zu leben. Menschen blühen auf, wenn sie ihre Stärken leben, sich für etwas Großes engagieren und in diesen Aktivitäten aufgehen. Leben sie ihre Stärken, haben sie ein wesentlich weitreichenderes Gefühl von Kompetenz und Kontrolle, was wiederum direkten Einfluss auf ihr Glück hat.

3. Positive Beziehungen

Menschen sind wichtig! Die Qualität (nicht die Anzahl) unserer Beziehungen bestimmt zu einem Großteil darüber, wie wohl wir uns im Leben fühlen. Akzeptiert, zugehörig und geborgen, sind wir ganz wir selbst – und das zählt auf unser Wohlfühlkonto ein. Ein soziales Miteinander gehört gesundheitlich betrachtet – sowohl psychisch als auch physisch – zu den bedeutsamsten Aspekten eines gesunden Lebens. Vor allem in schwierigen Zeiten geben uns starke Beziehungen Halt. Ein guter Grund, seine Beziehungen sorgfältig auszuwählen und ggf. negative Beziehungen (z. B. Energievampire, Jammerer, Nörgler …) schneller zu beenden.

4. Sinn/Bedeutung

Unser subjektives Sinnerleben hat sehr viel mit unserem persönlichen Wohlbefinden zu tun. Wir empfinden mehr Zufriedenheit und Glück, wenn wir Sinn in dem Erleben, was wir tun – inklusive des positiven Empfindens von persönlichem Wachstum. Haben wir das Gefühl, dass unser Beitrag – ob zuhause oder in der Arbeit – zählt, stärkt das unsere mentale Gesundheit. Dies umso mehr, je höher der Zweck bzw. größer die Sache ist, für die wir uns einsetzen.

5. Errungenschaften

Für Seligman ist Accomplishment gleichbedeutend mit der Zielsetzung, Wahrnehmung der Zielerreichung und Feiern. Wobei hier nicht die üblichen messbaren Ziele, die mit Anerkennung von außen verknüpft sind, gemeint sind, sondern vor allem Ziele hinsichtlich unserer Selbstwirksamkeit oder indem wir beispielsweise andere unterstützen.

Zum Glück blieb es bei Martin Seligman und unzähligen weiteren Psychologen nicht bei reinen Forschungen, was das Leben lebenswert macht, warum manche Menschen glücklich sind und wie man das subjektive Wohlbefinden steigern kann. Seligman entwickelte mit seinen gewonnenen Erkenntnissen auch viele praktische Übungen und wirksame Methoden, um die eigene mentale Gesundheit zu fördern. Das Ziel: Mentale Stärke aufbauen, eine optimistische Lebenseinstellung fördern, Widerstandsfähigkeit steigern,

Lebenszufriedenheit stärken und letztendlich durch den Aufbau von Ressourcen zu einem gelingenden Leben kommen.

Wie unser Gehirn mental wächst

Sprechen wir darüber, wie wir mental stärker werden oder unsere mentale Stärke trainieren können, kommen wir um eines nicht herum: unser Gehirn. Deshalb beschäftigen wir uns in diesem Kapitel mit der Neuroplastizität, den Spiegelneuronen und dem Growth Mindset. All das hilft uns dabei, mental zu wachsen, stark zu werden im Geiste, und damit den Herausforderungen der Zukunft besser gewachsen zu sein. Spannend zu wissen: Manche Menschen brauchen Studien, um Übungen auch wirklich anzuwenden. Andere, wie ich, probieren Methoden einfach aus, auch ohne wissenschaftliche Beweise. Die Frage ist also, inwieweit sind wir in der Lage, unseren Kopf, oder besser unser Gehirn offen zu halten?

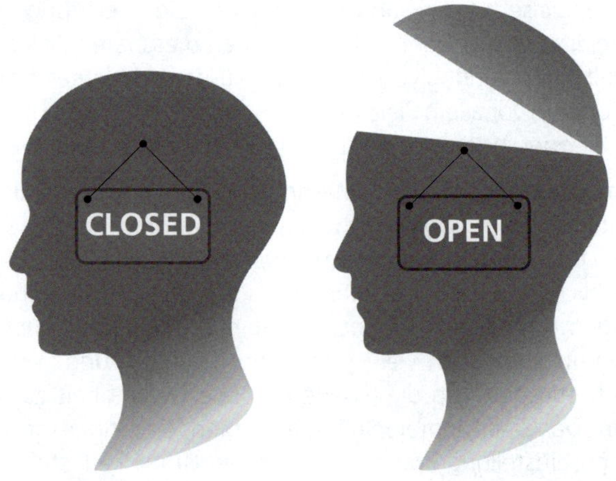

Growth Mindset

Im Deutschen würde man das Wort Mindset wohl am ehesten mit Mentalität übersetzen. Und doch ist es sehr viel mehr. Gehen wir ursprünglich davon aus, dass unsere Mentalität etwas Festgeschriebenes ist, gibt es seit der Definition der US-amerikanischen Psychologin Carol Susan Dweck beim Mindset zwei Formen:

Definition

(1) Growth Mindset: Wachstumsdenken, dynamisches Selbstbild

(2) Fixed Mindset: statisches Denken, statisches Selbstbild

Allerdings geht sie davon aus, dass auch Menschen mit einem ursprünglichen Fixed Mindset sich Strategien aneignen können, wachstumsorientiert zu denken und bei veränderten Umständen lernbereit zu sein. Natürlich fällt das jemandem mit einem Growth Mindset grundsätzlich leichter, aber machbar ist es. Und während Menschen mit einem Fixed Mindset glauben, dass man eben einfach Talent braucht (sonst lohnt es sich gar nicht erst anzufangen), vertrauen Menschen mit einem Growth Mindset darauf, dass Talent zwar sehr hilfreich ist, man es aber auch ohne, dafür mit diszipliniertem Training, sehr weit bringen kann. Talent alleine macht eben noch lange keinen Weltmeister, wenn es nicht entsprechend aufgebaut wird. Umgekehrt hat es manch einer ohne Talent geschafft, weil er nur fest genug an sein Ziel geglaubt hat, fleißig war und bereit war, hart für seinen Traum zu kämpfen.

Menschen mit einem Growth Mindset fokussieren sich auf Weiterentwicklung. Sie glauben daran, dass sie durch Lernen und Wiederholung ihre Fähigkeiten verbessern können.

Sie haben damit die beste Chance, auch hinsichtlich ihrer mentalen Gesundheit zu wachsen. Sie wissen, dass es gute und schlechte Zeiten gibt, dass Veränderungen nicht zu vermeiden sind, aber auch, wie sie mit Problemen und Herausforderungen umgehen können. Dieses dynamische Selbstbild, verbunden mit einem tatkräftigen Selbstwert hilft ihnen über Hürden hinweg, lässt diese beim nächsten Mal schon etwas kleiner aussehen … und so wächst selbst ihr Growth Mindset bei jeder bestätigenden Erfahrung um ein weiteres Stück Richtung Offenheit und Chancendenken, Willen, Weiterentwicklung und Können.

„We cannot become what we want to be by remaining what we are."

Das Zitat des amerikanische Geschäftsmanns Max De Pree trifft auch bei der mentalen Gesundheit den Nagel auf den Kopf. Wenn Ihr Ziel darin besteht, Ihre mentale Stärke aufzubauen, besteht der erste Schritt darin, zu lernen, wie Sie mental stärker werden können, wo (Denken, Verhalten, Emotionen, Körper) Sie wachsen können und wie Sie „größer" werden. Dieses Bestreben, uns ständig zu verbessern, uns zu verändern und zu wachsen, immer besser zu werden, ist es, was uns auch mental vorwärtsbringt. So stark wir mental auch schon sein mögen, so bereiten wir mit dem, was wir heute denken und tun, doch erst den Weg für unsere mentale Stärke von morgen.

Neuroplastizität

Wir dürfen und müssen uns sogar ein Stück weit auf wissenschaftliche Erkenntnisse einlassen, um zu erkennen, wie Neuroplastizität mit unserer mentalen Gesundheit zusammenhängt. Gut, dass unser Gehirn formbar ist. Noch besser, dass wir dieses Formen unterstützen können. Aber von Anfang an: Unter dem Begriff Neuroplastizität versteht man die „Fähigkeit des Gehirns, seinen Aufbau und seine Funktionen so zu verändern, dass es optimal auf neue äußerliche Einflüsse und Anforderungen reagieren kann."[17]

Ohne neuronale Plastizität wäre Lernen nicht möglich. Für die Art und Weise der Veränderungen im Gehirn gilt: Je häufiger wir Nervenverbindungen benutzen, desto mehr stärken wir ihre Effektivität. Lernen wir etwas, vermehren sich die Verbindungen zwischen zwei Nervenzellen. Das geschieht, indem Gene in den Nervenzellen aktiviert werden, die weitere Proteine bilden, um neue Verbindungen zu formen. Sogenannte Neurotransmitter (von altgriech. „neuron" = Sehne und lat. „transmittere" = hinüberschicken, übertragen) übertragen an chemischen Synapsen die Erregung von einer Nervenzelle auf eine andere.

Wir wissen nun, dass Gedanken die Struktur unseres Gehirns verändern können, doch wie das genau funktioniert, ist noch nicht vollständig erforscht. Schätzungen zufolge besteht das menschliche Hirn aus etwa 100 Milliarden Nervenzellen, die über schätzungsweise 100 Billionen Synapsen miteinander verbunden sind. Das ergibt eine schier unermessliche Zahl von Verknüpfungen, die Informationen weiterleiten können. Dieses Potenzial besteht bis in hohe Alter.

Vom neuronalen Trampelpfad zur neuronalen Autobahn

Werden neue Nervenzellenverbindungen regelmäßig benutzt, wachsen sie. Stellen Sie sich die Verstärkung von Nervenverbindungen wie das Trainieren eines Muskels vor. Wenn Sie regelmäßig im Fitnessstudio bestimmte Muskelgruppen trainieren, werden sie ausgeprägter und kräftiger. Das Gleiche geschieht mit häufig genutzten Nervenbahnen, sie verstärken sich. Auf diese Weise wird aus einem neuronalen Trampelpfad eine neuronale Autobahn (nach Franz Hütter). Ein Gedanke, eine Überzeugung oder eine Zielformulierung werden also umso mächtiger, je häufiger Sie deren mentalen Pfade beschreiten. Das bedeutet für neue angestrebte Muster, sie häufig abzurufen, um sie zu stärken. Gleichzeitig gilt für alte problematische Muster, die anfangs noch einer neuronalen Autobahn gleichen, sie zu Trampelpfaden verkümmern zu lassen, indem Sie sie nicht mehr abrufen. Wenn wir Muster ändern, ändert sich der neuronale Straßenatlas in unserem Kopf. Lösungs- und Ressourcenorientierung ergeben sich aus den Gesetzen der Neuroplastizität. Informationen sind im Gehirn in Form von neuronalen Netzen abgelegt. Der Entdecker der synaptischen Plastizität, der kanadische Psychologe Donald Olding Hebb, stellte eine Regel zum Zustandekommen des Lernens in neuronalen Netzwerken auf, bekannt als die Hebb'sche Lernregel (Hebb, 1949):

1. Häufig genutzte Verknüpfungen werden verstärkt.
2. Selten genutzte Verknüpfungen werden geschwächt oder abgebaut.

Für die bewusste Steuerung der Neuroplastizität und Optimierung der Gehirnfunktionen hat das Atlasteam in seinem

Blog[18] folgende Techniken veröffentlicht, die auch ich zur Steigerung Ihrer mentalen Stärke nur empfehlen kann:

1. **Füttere das Gehirn**
   Obwohl das Gehirn nur einen geringen Teil des Körpergewichtes ausmacht, verbraucht es ein Viertel von allem, was man isst. Eine ideale Ernährung führt folglich zu verbesserten Nervenbahnen. Hierzu zählen Nahrungsmittel, wie Walnüsse, Blaubeeren und Avocado. Vor allem Vitamin D und Magnesium sind hilfreich, um die Neuroplastizität zu fördern.
2. **Mache ein Nickerchen**
   Sieben bis neun Stunden Schlaf sollte ein jeder pro Nacht haben, um eine optimale Gehirnleistung zu erzielen. Auch ein kurzer Mittagsschlaf von maximal 20 Minuten führt zur Steigerung der Neuroplastizität und fördert das Wachstum der dendritischen Stacheln, die als entscheidende Verbindung zwischen Neuronen im Gehirn fungieren.
3. **Verwende die „falsche" Hand**
   Nicht dominante Handübungen eignen sich hervorragend zur Bildung neuer Nervenbahnen sowie zur Stärkung der Konnektivität zwischen vorhandenen Neuronen. Der Klassiker ist das Zähneputzen mit der jeweils anderen Hand. Einen noch besseren Effekt erzielt es, dabei auf einem Bein zu balancieren.
4. **Mache Gedächtnisübungen**
   Sich selbst Formeln oder Reime beizubringen, kann den Weg zu neuen, positiven Bahnen in Ihrem Gehirn ebnen.

Spiegelneuronen

Die wichtigsten Quellen mentaler Gesundheit sind neben dem Selbstbewusstsein und dem Vertrauen in sich selbst sowie in andere Menschen auch ein positives Zukunftsbild. Natürlich wächst unsere mentale Stärke, wenn wir echte Anerkennung bekommen (und geben). Ein Kompliment oder Lob hat noch nie geschadet, ebenso wenig zwischenmenschliche Beachtung, soziale Akzeptanz und Wertschätzung. Unter einer Voraussetzung: Wir spüren die Überzeugung unseres Gegenübers. Sie ist genauso ansteckend wie Gähnen. Eine Erklärung für beides bieten die Spiegelneuronen. Auf ihnen beruht beispielsweise unsere Empathie, also die Fähigkeit, sich in andere hineinzuversetzen und ihre Gefühle nachzuempfinden.

Die Spiegelneuronen feuern, wenn wir etwas tun oder wenn wir jemanden sehen, der etwas tut (durch Zuschauen lernen), wenn wir denken, jemand hätte es getan, oder wenn wir denken, wir tun es selbst (Vorstellung). Beim Menschen kommt noch zusätzlich die Sprache hinzu. Wenn wir hören, jemand habe es getan oder jemand möchte es tun. Unser Gehirn reagiert also immer. Und die Spiegelneuronen verändern unsere Handlungsbereitschaft. Dabei können nicht nur beobachtete Handlungen, sondern auch Gefühlszustände, die ein anderer hat, z. B. Angst, im Beobachter eine Resonanz auslösen. Unser Gehirn geht in Resonanz auf das, was andere tun oder fühlen. Das betrifft Handlungen, Körperberührungen, Schmerz, den ich bei anderen sehe, und vegetative Zustände bzw. Reaktionen, z. B. Gähnen bei Müdigkeit.

Der Beitrag „Make Yourself Immune to Secondhand Stress" aus dem Harvard Business Review ist schon aus dem Jahr 2015, hat an Aktualität hinsichtlich der Bedeutung unserer

Spiegelneuronen aber in keiner Weise verloren. Ich habe die wichtigsten Passagen daraus für Sie frei übersetzt: „In den letzten zehn Jahren haben wir gelernt, dass unsere Gehirne für die Ansteckung von Gefühlen prädestiniert sind. Emotionen verbreiten sich über ein drahtloses Netzwerk von Spiegelneuronen. [...] Nicht nur Lächeln und Gähnen werden übertragen. Wir können Negativität, Stress und Unsicherheit wie Passivrauch aufnehmen. Die Forscher Howard Friedman und Ronald Riggio von der University of California, Riverside, fanden heraus, dass, wenn jemand in Ihrem Blickfeld ängstlich und ausdrucksstark ist – entweder verbal oder nonverbal –, die Wahrscheinlichkeit hoch ist, dass Sie diese Emotionen ebenfalls erleben, was sich negativ auf Ihre Gehirnleistung auswirkt. Wenn wir jemanden beobachten, der gestresst ist – vor allem einen Kollegen oder ein Familienmitglied –, kann dies unmittelbare Auswirkungen auf unser eigenes Nervensystem haben." Und damit natürlich auch auf unsere mentale Gesundheit!

Positive Gedanken fördern

Wir kennen sie, die ewigen Jammerer, und den meisten sieht man diese Einstellung förmlich an. Ihre Körperhaltung und Mimik sprechen Bände: Kopf und Mundwinkel nach unten, Schultern nach vorne. Entsprechend ist die Welt, sind die Menschen und ihr Bild von beidem. Wir alle haben einmal einen schlechten Tag! Wichtig ist dann, wie wir damit umgehen. An solchen Tagen hilft es, sich immer wieder bewusst zu machen, was gut läuft oder gelaufen ist. Was haben wir Positives erlebt. Also den Fokus bewusst einmal nicht auf Probleme, gerade schwierigen Situationen und Hindernisse legen, sondern auf gute Dinge, egal wie klein sie auch sind.

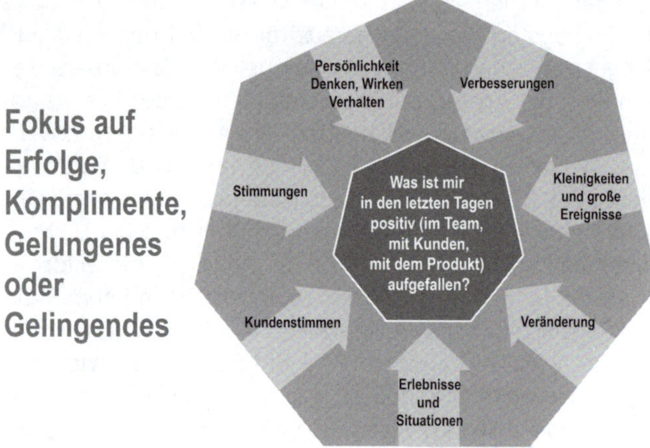

Befinden Sie sich doch einmal im Jammertal, dann verurteilen Sie sich bitte nicht dafür, sondern – auch das ist eine Möglichkeit: Rauf auf den Jammerstuhl, jammern, bis der Wecker klingelt, sich abschütteln. Geben Sie sich eine Handlungsanweisung und gestalten Sie zuversichtlich Ihren Tag. Oder Sie stellen sich ein hübsches Sparschwein in Sicht- und Griffweite und werfen für jedes Jammern einen Betrag X hinein. Das Geld spenden Sie an ein soziales Projekt.

Die Kraft der Affirmationen (positive Selbstgespräche)

Positive Affirmationen dienen der Stärkung des Selbstvertrauens, der Selbstmotivierung, dem Relativieren und der Konzentration. Sie können Ihnen helfen, negative Angewohnheiten und Ängste abzulegen.

Der Sportpsychologe Hans Eberspächer hat die Funktion von Selbstgesprächen wie folgt erklärt: „In Selbstgesprächen formuliert man Pläne für sein Handeln, gibt sich selbst Anweisungen, ordnet seine Gedanken oder kommentiert das eigene Handeln" (Eberspächer, 2007). In Studien hat sich gezeigt, was einen erfolgreichen Menschen im Bereich des inneren Dialogs auszeichnet: Das Selbstgespräch verläuft konstruktiv, anspornend und handlungsorientiert. Bei Misserfolgen berichten Menschen oft, dass ein vorhergehendes negatives Selbstgespräch bereits die Weichen in Richtung des unerwünschten Verlaufs gestellt habe. Negative innere Dialoge beeinflussen also auch das Handeln negativ.

Negative Gedanken lassen sich nicht vermeiden. Sie können nicht ausgeschaltet, unterdrückt oder verdrängt werden, aber Sie können Ihre passive und negative Einstellung aufgeben und diese mit diszipliniertem Üben durch eine aktive und positive Einstellung ersetzen. Dies erreichen Sie durch die Umwandlung negativer Gedanken in positive Gedanken – mit sogenannten Affirmationen (positiven Selbstgesprächen), mit denen negative Gedanken, negative Gefühle und Vorstellungen durch Positive ersetzt werden.

Mithilfe von Affirmationen programmieren wir unsere Gedanken um und verändern unser Fühlen und Verhalten. Das Wort Affirmation beinhaltet das lateinische Wort „firmare", was so viel bedeutet wie „festigen, verankern". Eine Affirmation ist ein bejahender, autosuggestiver Satz, der bei ausreichender Wiederholung die Kraft hat, Gedanken und Überzeugungen zu verändern. Affirmationen haben eine große Wirkung.

Im Folgenden ein paar Beispiele:

Beispiel: Affirmationen

- *„Ich darf alles, was gut ist in meinem Leben, annehmen und mich darüber freuen."*
- *„Ich vertraue meinen Selbstheilungskräften."*
- *„Ich glaube an mich. Jeden Tag mehr und mehr."*
- *„Ich habe schon viel in meinem Leben erreicht. Ich bin stolz auf mich."*
- *„Ich habe viele Fähigkeiten, die mich ausmachen."*
- *„Ich stehe zu meinen Wünschen und Bedürfnissen. Ich stehe für mich ein."*
- *„Ich konzentriere mich auf die Aufgabe/Handlung (statt auf das Ergebnis)!"*
- *„Ich kann. Ich will. Ich werde!"*

- *„Tief atmen!" oder Signalworte wie „Fokus!" helfen mir, konzentriert zu bleiben.*
- *„Ich vertraue meiner mentalen Stärke."*

Finden Sie jetzt für sich gut anfühlende Affirmationen für verschiedene Lebensbereiche, egal, ob privat, für den Sport oder für den Beruf. Erinnern Sie sich an Situationen, die Ihnen zugesetzt haben, auch aufgrund Ihrer negativen Gedanken seitens Ihres inneren Kritikers oder Zweiflers. Wie haben Sie sich gefühlt? Überlegen Sie sich anschließend positive, kraftgebende und förderliche Sätze. Welche Gedanken bringen Sie in eine konstruktive, zuversichtliche, tatkräftige Stimmung?

Es gibt keine Affirmationen, die bei jedem gleichermaßen wirken. Formulieren Sie daher für Ihre Lebenssituation und Ihre Bedürfnisse individuell Ihre Affirmationen. Spüren Sie beim Sprechen der Affirmation in sich rein. Es sollten sich keine inneren Zweifel oder ein Unwohlsein melden, sondern ein gutes Gefühl.

Wichtig bei der Formulierung von Affirmationen:

- Positive, kraftgebende, förderliche, bejahende Formulierungen. Ohne „kein" und „nicht".
- Kurze, knappe, einfache Sätze, die leicht zu wiederholen sind.
- Formulierungen, die rhythmisch oder auch lustig und originell sind.
- Formulierungen in der Gegenwartsform, so als hätten Sie es bereits erreicht.

- Ein Satzbeginn mit „Ich", „Ich darf …", „Ich erlaube mir …", „Ich will …", „… immer mehr …", „… jeden Tag mehr und mehr …", „Ich freue mich auf …".
- Keine Affirmation, von der Sie selbst nicht glauben, dass sie auf Sie zutrifft.
- Die Affirmation benennt das, was Sie wollen (und nicht das, was Sie nicht wollen).
- Die Affirmation muss in Ihrem Einflussbereich liegen.

Lassen Sie die Affirmation durch ständiges Wiederholen zum Ohrwurm werden. Gut eignen sich auch Metaphern wie „Ich bin ein Fels in der Brandung" oder „Ich bin stark und selbstbewusst wie ein Löwe".

Denken oder sagen Sie sich diese Sätze mindestens einmal pro Tag – wenn möglich laut. Zum Beispiel gleich morgens beim Aufstehen, oder wenn Sie an der Ampel oder Kasse im Supermarkt warten, und abends im Bett, bevor Sie einschlafen. Tragen Sie Ihre Affirmationen als Erinnerungshilfe bei sich. Schreiben Sie die Sätze auf einen Zettel. Programmieren Sie das Hintergrundbild Ihres Computers oder Smartphones mit diesen Sätzen, hängen Sie sich eine Haftnotiz mit diesen Sätzen an den Badezimmerspiegel oder den Kühlschrank, kleben Sie die Sätze mithilfe von Klebeband auf das Armaturenbrett Ihres Autos. Üben Sie die neuen Affirmationen mindestens sechs Wochen lang.

Wohlgemerkt, Affirmationen haben nichts mit dem „Tschakka"-Ruf von Motivationsgurus zu tun. Sie stellen vielmehr eine klar formulierte, konkrete, bekräftigende Anweisung dar, mit der Sie Ihre Gedanken und damit auch Ihr Handeln positiv beeinflussen können. Positives Denken bedeutet indes nicht, dass Sie jetzt alles erreichen, was Sie sich zum Ziel gesetzt haben. Auch dem positiven Denken sind Grenzen durch die objektiven Leistungsbedingungen des Menschen gesetzt (vgl. Baumann). Aber positive Gedanken wirken wie ein Keil, der sich zwischen negative Programme und Ausführungen schiebt. Konsequentes Training positiver Denkinhalte lässt den Keil immer tiefer eindringen, um die Wirkung der negativen Glaubenssätze langsam auszuschalten.

Dankbar sein

Vom englischen Dichter William Blake stammt die Aussage „Dankbarkeit ist der Himmel selber, und es könnte kein Himmel sein, gäbe es die Dankbarkeit nicht." Haben Sie heute schon Dankbarkeit empfunden? Ich meine nicht die pflichtschuldig gemurmelten „Dankeschöns" gegenüber Ihren Mitmenschen für eine aufgehaltene Tür, einen servierten Kaffee oder erhaltenes Wechselgeld. Nein, ich meine aus sich heraus empfundene Dankbarkeit für den Sonnenschein am Morgen, gesunde Kinder am Frühstückstisch oder für die Aussicht auf ein Treffen mit Freunden.

Robert Emmons, einer der bekanntesten Vertreter der Positiven Psychologie, hat in seinen Forschungen ein Dutzend Effekte von Dankbarkeit im Alltag nachgewiesen. Und auch der berühmte Glücksforscher Mihály Csíkszentmihály rät zur Dankbarkeit, um die innere Haltung und Sichtweisen positiv zu verändern.

Dankbarkeit stabilisiert und vertieft nicht nur unsere sozialen Beziehungen, weil wir das Gute im Handeln und Verhalten anderer erkennen, sondern verhindert darüber hinaus auch negative Gefühle. Haben Sie schon einmal versucht, gleichzeitig dankbar und wütend zu sein?

Emmons stellte außerdem fest, dass Dankbarkeit stressresistenter macht, weil sie uns dabei hilft, Herausforderungen im größeren Kontext zu sehen und damit zu relativieren. Gleichzeitig steigt unser Selbstwertgefühl – weil wir uns in unserer Dankbarkeit bewusst machen, wie gut es andere mit uns meinen und uns wertschätzen. Das hilft uns, uns auch selbst des Guten für Wert zu halten. Je dankbarer wir sind, desto mehr Gründe für Dankbarkeit erkennen wir und sind umso bereiter, selbst Gutes zu tun. Das fördert nicht nur die empfundene Lebensqualität, sondern auch unsere Gesundheit. Denn Dankbarkeit stärkt das Immunsystem, reduziert das Schmerzempfinden, senkt den Blutdruck und verbessert den Schlaf. Dankbarkeit erzeugt zudem positive Rückkoppelungen: Unser eigenes, von Dankbarkeit geprägtes Verhalten verändert auch das Verhalten anderer. Positives Sozialverhalten verstärkt das positive Verhalten des Umfelds.

Die Wissenschaft zeigt, dass Dankbarkeit Ihr tägliches Leben verbessert.

Dankbarkeitstagebuch

> ### *Übung: Dankbarkeitstagebuch*
> *Schreiben Sie jeden Abend drei Dinge auf, über die Sie sich tagsüber gefreut haben – kleine Gesten, freundliche Begegnungen, große Erfolge, mit anderen Worten: alles, was Anlass zur Freude und Dankbarkeit ist.*

Dankbarkeit setzt nichts als selbstverständlich voraus. Studien schreiben dem Führen eines Dankbarkeitstagebuches übrigens den größten Langzeiteffekt zu.

Ich selbst führe seit 20 Jahren ein Dankbarkeitstagebuch und mein Leben hat sich dadurch nachhaltig verändert. Ich bin zuversichtlicher, ja glücklicher geworden. Denn wer sich in Dankbarkeit übt, orientiert sich auf das Positive im Leben.

Resilienz stärken

Was Resilienz ist und welche Rolle sie für unsere mentale Gesundheit spielt, habe ich im ersten Kapitel „Mentale Gesundheit: Was konkret dazugehört" (Seite 27) bereits beschrieben. Hier soll es nun einen Schritt weiter und möglichst konkret darum gehen, wie wir unsere Resilienz tatsächlich aufbauen können. Es geht um viel mehr als nur darum durchzuhalten, bis sich Dinge wieder ändern, in ihren ursprünglichen Zustand zurückkehren oder man sich an neue Umstände gewöhnt hat.

Die vielbeschworene Resilienz gehört zu den Schlagwörtern unserer Zeit. Wer resilient also psychisch widerstandsfähig ist, kann besser mit Herausforderungen und Krisen umgehen, sagen Wissenschaftler. Zur Resilienz gehören folgende 7 Resilienzfaktoren, die uns von der Haltung in die Handlung führen:

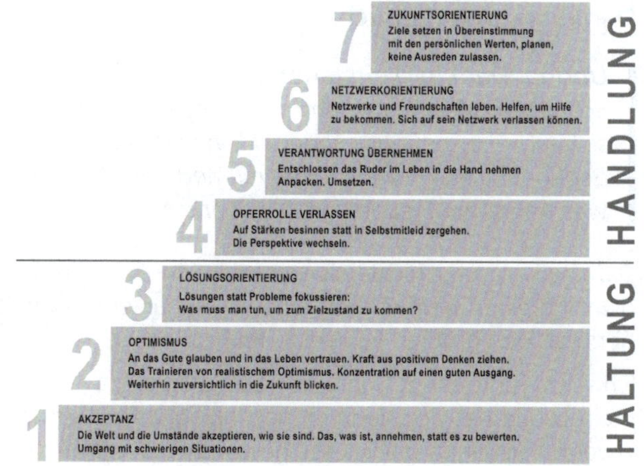

Mehr Optimismus bitte

So sehr wir uns mittels unserer Gedanken in einen sorgenvollen Zustand bringen können, können wir mit unseren Gedanken unsere Stimmung auch positiv beeinflussen. Beispielsweise indem wir an etwas Schönes denken und positive Botschaften bewusst wahrnehmen. Ja, Glück ist machbar – und zwar für jeden von uns. Laut Sonja Lyubomirsky, Psychologin und weltweit anerkannte Glücksforscherin, haben wir eine angeborene, unterschiedlich hohe Kompetenz für das Glücklichsein. Die Forschung („Happiness Twin Studie" von Professor Lykken) zeigt, dass ca. 50 Prozent unseres Glücksniveaus vererbt werden: Der Glücksfixpunkt. Dennoch können wir unser Glücksempfinden verändern. Nur eben nicht zu 100 Prozent. Etwa 10 Prozent hängen von äußeren Rahmenbedingungen und Umständen ab. Ob man einen

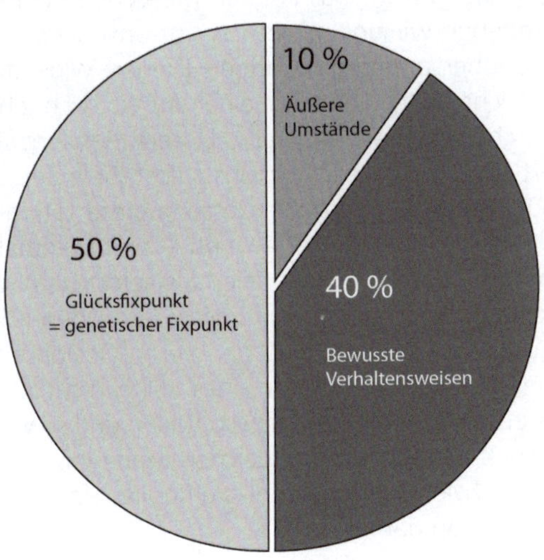

Arbeitsplatz hat oder nicht. Ob man eine Familie hat, verheiratet oder geschieden ist. Den größten Einfluss auf unser Glücksempfinden haben wir, wenn es um unsere alltäglichen Handlungen, Verhaltensweisen, Aktivitäten, persönliche Einstellung und unsere Gedanken geht.

Das Gute an diesen Forschungsergebnissen für mich persönlich ist, dass wir etwa 40 Prozent unseres Glücks selbst in der Hand haben. Wir können in unserem Gehirn die strukturellen Voraussetzungen für Glück schaffen und die Ausschüttung von Glücksbotenstoffen ankurbeln – und zwar durch Optimismus und sogenannte Flow-Erlebnisse (in einer Tätigkeit voll und ganz aufgehen).

Daneben gibt es natürlich noch andere Dinge, die wir tun (oder lassen) können, um unsere persönliche Resilienz zu stärken: Im Privaten, indem wir beispielsweise Quellen suchen, die uns guttun. Das können Menschen oder Hobbys sein. Umgeben wir uns mit etwas (für uns) Schönem, sind wir gegenüber anderen, widrigen Dingen widerstandsfähiger. Gleiches gilt, wenn wir einer Arbeit nachgehen, die Spaß macht und uns Sinn gibt. Unsere Resilienzfähigkeit profitiert ebenfalls, wenn wir uns selbst Ziele setzen (und nicht nur von außen vorgeben lassen), diese tatkräftig angehen, Entscheidungen treffen und – sollte einmal etwas schiefgehen – daraus lernen. Seien Sie selbst der Gestalter, wohlwissend, dass es natürlich immer jemanden (Chef, Familie, Kunde u. a.) geben wird, der diesen Gestaltungsraum auch einmal einschränkt. Nur eines sollte nicht passieren: Dass Sie zum Opfer werden, sich so fühlen und so verhalten. Denn genau das schadet im gleichen Maße Ihrer mentalen Gesundheit, wie es Ihre persönliche Resilienzfähigkeit reduziert. Also Stopp damit!

Geht es darum, wie wir persönlich mit Krisen umgehen, wie resilient wir sind, gibt es kein allgemein gültiges Raster. Ob wir in einer angespannten Lage noch gelassen agieren können, oder uns die Angst bzw. Wut förmlich lähmen, bestimmt zum Großteil unsere Erfahrung. Wir fallen in Handlungsmuster zurück, die uns vielleicht irgendwann einmal geholfen haben – ob sie das heute auch noch tun, wage ich zu bezweifeln. Schließlich ist unsere Welt eine andere als noch vor zehn oder zwölf Jahren, ja heute eine andere als gestern. Und Morgen brauchen wir vielleicht eine andere Fähigkeit, um mit den aktuellen Gegebenheiten zurechtzukommen. Experten raten, diese alten Muster zu unterbrechen, sich mit sich selbst und seinem vergangenen Tun zu versöhnen, um überhaupt neue Perspektiven einnehmen zu können. Auch dazu bedarf es Achtsamkeit.

Wer sich Zeit nimmt, um in Dialog mit sich selbst zu kommen, hat eine gute Chance, seine Persönlichkeit zu stabilisieren und so von innen heraus auch seine Resilienz zu stärken.

Selbstfürsorge führt zur gelingenden Selbstführung, die sich auch in einer wertschätzenden Führung anderer sowie einer positiven Entwicklung unserer Gemeinschaft widerspiegelt. So gesehen ist das Training der mentalen Stärke nicht nur für den einzelnen Menschen ein Gewinn, sondern auch ein entscheidender Faktor für ein gelingendes Miteinander im Kleinen wie im Großen.

Auf den Punkt gebracht

- Viele Menschen schaden sich durch (übertriebenen) Perfektionismus sowie (zu) hohe Erwartungen an andere und sich selbst. Besser wäre es, durch Freude am Tun und die eigene Begeisterung positiv zu wirken.
- Wenn wir lernen, uns auch einmal treiben zu lassen und das Leben zu genießen, entkommen wir dem täglichen Stress und gewinnen mentale Stärke, um dem Stress morgen wieder besser gewachsen zu sein.
- Positive Psychologie sorgt dafür, dass wir zufrieden und leistungsfähig sind und bleiben – vor allem in Zeiten, die uns mental herausfordern.
- Das PERMA-Modell zeigt uns Wege zum persönlichen Wohlbefinden auf, indem wir darauf achten, den fünf festgelegten Bereichen möglichst umfänglich und ausgewogen gerecht zu werden: Positive Emotionen, Engagement, Positive Beziehungen, Sinn sowie Leistung und Erfolg.
- Dankbarkeit und Resilienz sind zwei wesentliche Faktoren, um Stress und Druck gewachsen zu sein und seine mentale Gesundheit dauerhaft zu stärken.

Mentale Gesundheit am Arbeitsplatz

Wir leben in einer Zeit, die mental für viele eine große Herausforderung darstellt, im Job genauso wie im Alltag. Nachdem die Covid-Pandemie ihren Tribut von allen forderte, Mitarbeitern wie Führungskräften, kommen nun zahlreiche weitere Krisen hinzu. Explodierende Energiekosten und die fortschreitende Inflation erhöhen für Unternehmen wie für die Belegschaft den Kostendruck, machen Angst vor der Zukunft, verunsichern und belasten. Alles gute Gründe, um auch am Arbeitsplatz auf unsere mentale Gesundheit zu achten. In diesem Kapitel lesen Sie mehr zu:

- Wie wir unsere Gedanken bewusst auf Dinge außerhalb der Arbeit richten.
- Warum das Homeoffice nicht für jeden der Himmel auf Erden ist.
- Was die Führung tun kann und muss, um sich selbst und Mitarbeiter vor dem „Burn-on" zu schützen.

Beruf und Karriere sind nur ein Teil unseres Lebens

Sofern wir kein großes Erbe antreten oder im Lotto gewonnen haben, verbringen wir einen Großteil unseres Lebens mit unserer Arbeit. Viele Stunden verwenden wir darauf, etwas zu lernen, unsere Fähigkeiten in Theorie und Praxis zu vertiefen und danach möglichst viel Erfahrungen zu sammeln. Auf der einen Seite ist Lernen etwas Gutes und wirkt sich auf unsere mentale Gesundheit durchaus positiv aus. Susan

Wallace, Professorin für Erziehungswissenschaft, schreibt in ihrem Buch „Teaching, Tutoring and Training in the Lifelong Learning Sector", dass uns lebenslanges Lernen nicht nur persönliche Erfüllung bringt, sondern auch ein äußerst wirksamer Mechanismus zum Stressabbau ist und darüber hinaus das Selbstwertgefühl steigert. Dazu muss man sich nicht etwa für ein Zweitstudium einschreiben oder eine andere Form professioneller Qualifikation anstreben. Es gibt viele Gelegenheiten, etwas Neues zu lernen oder bereits vorhandenes Wissen zu erweitern.

Wir bauen also unsere Kompetenz(en) aus, verfeinern unsere Fertigkeiten und im Laufe unseres Berufslebens vergessen wir manchmal, dass es auch noch etwas anderes gibt. Es fehlt uns am Innehalten, Reflektieren und der Selbstwahrnehmung – zumindest einer, die wirklich tief genug geht. Die PageGroup zitiert in einem Beitrag über „Psychische Gesundheit: 5 Tipps für mehr Wohlbefinden am Arbeitsplatz" dazu den international bekannten Psychologen Daniel Goleman: „Wenn man sich bewusst ist, wie Gefühle die eigene Argumentation, das eigene Denken und die Art und Weise, wie man mit anderen Menschen interagiert, beeinflussen – dann ist man reflektiert. Dies ist eine Komponente der emotionalen Intelligenz. Wir wissen von Schaltkreisen im Gehirn, die uns unsere mentale Welt bewusstmachen und die sich von den Schaltkreisen, die uns über unsere physische Welt informieren, unterscheiden." Das ist besonders dann wichtig, wenn die Gefahr besteht, dass wir in einer schnelllebigen und hektischen Welt uns selbst aus den Augen verlieren.

Fehlt es zusätzlich an Sozialkontakten und beteiligen wir uns am E-Mail-Pingpong, brauchen wir uns nicht zu wundern, wenn wir Probleme bekommen. Zu Beginn ist es manchmal nur so ein Gefühl: Wir sind unter normalen Umständen bereits unter so großer Anspannung, dass uns eine weitere, noch so kleine Aufgabe aus der Bahn werfen kann. Oder wenn ein Kollege plötzlich krank wird und wir nicht mehr wissen, wer das eigentlich alles erledigen soll, was auf dem Plan steht. Der persönliche Freiraum wird immer kleiner, wir kommen nicht mehr zur Ruhe.

Burn-on: Gefangen im Dauerstress

Was zunehmend zu beobachten ist, sind Menschen mit einem sogenannten Burn-on-Syndrom. Menschen, die immer knapp daran vorbeischrammen, am Umkippen, am körperlichen und geistigen Totalausfall. Menschen, die Belastungsgrenzen kennen und oftmals einen Schritt darüber hinaus gehen. Menschen, die einfach weitermachen, weil sie gar nicht anders können. Leider gibt es noch keine Studie und damit auch keine verlässlichen Zahlen zu Burn-on, aber das wird sicher nicht mehr lange dauern – viel zu präsent ist dieses neue Krankheitsbild.

Das Homeoffice und seine Tücken

Auch wenn viele Mitarbeiter das Homeoffice zu schätzen gelernt haben, so darf ein Aspekt der Remote Work nicht unterschätzt werden: Es schränkt persönliche Begegnungen ein. Und wenn Menschen sich nicht mehr regelmäßig begegnen, sich nicht mehr in die Augen blicken (ohne Bildschirm „dazwischen"), sich nicht mehr in der Gesamtheit erleben und spüren, ist es umso schwieriger, Wesens- und Verhaltensänderungen zu erkennen. Führungskräfte müssen schon ganz genau hinschauen und in 1:1-Meetings eine gute Bindung aufbauen, um Probleme frühzeitig wahrzunehmen. Genau diese Bindung braucht es allerdings ebenso, damit Mitarbeiter sich ggf. selbst öffnen und mitteilen, dass etwas nicht stimmt und sie Hilfe brauchen. Das ist besonders wichtig, wenn die psychischen Belastungen sich auf die Arbeitsbedingungen beziehen.

Der TÜV-Verband bestätigt „Erschöpfung, Gereiztheit, Einsamkeit: Nach einem Jahr Homeoffice lassen sich die psychischen Schäden [...] nicht mehr ignorieren. Sowohl Arbeitnehmer:innen als auch Führungskräfte leiden unter verschiedenen psychischen Belastungen, die ihre Leistungsfähigkeit sowie den Umgang mit Kolleg:innen beeinträchtigen." Im Interview macht Iris Dohmen, Fachgebietsleiterin Arbeits-, Betriebs- und Organisations-Psychologie bei TÜV Rheinland, die Zusammenhänge deutlich: „Obwohl das Homeoffice am Anfang als Motivation empfunden wurde, ist es auf Dauer eine riesige Herausforderung für viele Beschäftigte." Sie bemängelt vor allem die Entgrenzung des Beruflichen und Privatem: „Diese Entgrenzung ist vor allem dann schädlich für die psychische Gesundheit, wenn Konflikte im Arbeitsumfeld auftreten. Bei Präsenzarbeit können Berufstätige zumindest versuchen, ihre beruflichen Konflikte nach der Arbeit im Büro zu lassen. Im Homeoffice bleiben sie jedoch im Privatleben präsent, weil man die räumliche Distanz zu beruflichen Ereignissen verliert. Das ist eine ganz neue Belastung."[19] Die Stressfaktoren im Homeoffice sind nicht zu unterschätzen:

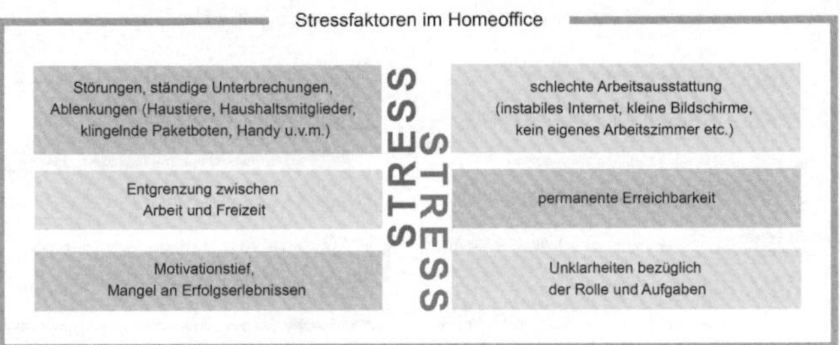

Alles hat – wie im Leben – seine Vor- und Nachteile. Remote Work ist typabhängig und nicht zwangsläufig für jeden geeignet. Die Idee der verantwortungsbewussten und auch im Homeoffice fleißigen Mitarbeiter ist durchaus ein wunderschönes Bild und passt perfekt in den Zeitgeist. In der Realität ist die Produktivität zuhause aber oft niedriger als im Büro. Denn Remote Work verlangt viel Selbstdisziplin. Und nicht jeder, ob Angestellter oder Führungskraft, ist tatsächlich in der Lage, den Alltag und die Arbeit selbst zu strukturieren. Freiheit an sich ist etwas sehr Schönes. Auf der anderen Seite dieser Freiheit steht allerdings viel Verantwortung, der nicht jeder Mitarbeiter gewachsen ist. Außerdem darf nicht unterschätzt werden, dass Grenzen zwischen Job und Privatleben verschwimmen oder sich im Extremfall sogar aufheben. Auch hinsichtlich der Unternehmen gilt: Vertrauen ist das eine, das andere, so zu führen, dass gewinnbringende Ergebnisse entstehen, weil Projekte in time, in quality und in budget abgeschlossen werden müssen. Und dann die Räume dafür genutzt werden, die es braucht. Schließlich ist Erfolg in den richtigen Räumen, offline wie online, gerne zu Hause. Eines dürfen wir dabei nicht vergessen: Soll dieser Erfolg nachhaltig sein, muss er die mentale Gesundheit aller einschließen. Nachfolgende Tipps helfen dabei:

12 Tipps für mentale Gesundheit im Homeoffice

1. kleine Pausen im Alltag machen
2. sich bewegen, am besten in der Natur
3. auf positive Mentalhygiene achten
4. potenzielle Ablenkungen vermeiden
5. Beziehungen und soziale Kontakte pflegen
6. auf gesunde Ernährung achten
7. Digital Detox als Auszeit
8. klare Grenzen ziehen
9. sich Ermutiger und Unterstützer suchen
10. Entspannungstechnik / Meditation lernen
11. ausreichend erholsamen Schlaf bekommen
12. Routinen nutzen

Was bedeutet das für die Führung

Unabhängig davon, wie psychische Belastungen letztendlich in Unternehmen thematisiert werden, bedarf es in der Führung, um mentale Gesundheit am Arbeitsplatz zu fördern, unter anderem Anerkennung und Wertschätzung. Fakt ist:

Wo Wertschätzung fehlt, mangelt es an Motivation.

Fehlende Wertschätzung hemmt das Engagement – uns fehlt der Gegenwert zu unserer Anstrengung. Leistung, die nicht gewürdigt wird, verliert auch für den, der sie liefert, an Wert und führt zu einer sogenannten Gratifikationskrise. Motivationsmangel und abnehmende Leistungsfähigkeit sind dann die Folge. Das belastet die physische und psychische Gesundheit gleichermaßen. Am Ende der Entwicklung stehen häufig Herz-Kreislauf-Erkrankungen oder Depressionen. Und in den Unternehmen eine hohe Fluktuationsrate. Gelebte Wertschätzung hingegen schafft Vertrauen, motiviert und entspannt. Mit anderen Worten: Sie hat eine ebenso gesundheits- wie leistungsfördernde Wirkung.

Selbstwertschätzung

Wertschätzung fängt mit der Selbstwertschätzung an. Nur wer sich selbst wertschätzen kann, kann auch andere wertschätzen. Wie steht es um Ihre Selbstwertschätzung? Sind Sie sich bewusst darüber, was Ihren Wert als Mensch ausmacht? Und welche Werte Ihnen persönlich wichtig sind? Für welche Werte Sie einstehen? Es ist ratsam, die Wertschätzung sich selbst gegenüber zu pflegen. Das hat nichts mit einem verblendeten Blick auf sich selbst oder Selbstüberhöhung zu tun, sondern hilft, Respekt für Geleistetes, Fähigkeiten und Eigenschaften zu empfinden und sich als Ganzes mit seinen Stärken, Schwächen, Ecken und Kanten anzunehmen. Je mehr Wertschätzung Sie sich selbst entgegenbringen können, desto besser können Sie auch andere würdigen und wertschätzen.

Wertschätzung ist weit mehr als Lob und Dank

Doch wie bringe ich als Führungskraft Mitarbeitern Wertschätzung entgegen? Was wünsche ich mir selbst an Wertschätzung von anderen? Nun, Wertschätzung ist weit mehr als Lob, „Danke" sagen oder beim Mitarbeiter vorbeizuschauen und zu fragen „Wie geht's?", ohne wirklich Zeit fürs Zuhören mitzubringen. Wertschätzung spiegelt sich auch im Vermitteln klarer Erwartungen gegenüber Mitarbeitern wider, in regelmäßigen konstruktiven Feedbackgesprächen und sozialer Unterstützung. Sie sollten als Führungskraft nahbar bleiben und echtes Interesse an Ihrem Gegenüber zeigen. Wenn Sie offene Fragen stellen, dann hören Sie bei der Antwort genau hin. Fragen Sie nach, üben Sie sich im Perspektivwechsel, um Ihre Mitarbeiter besser zu verstehen. Und kommunizieren Sie transparent und nachvollziehbar –

auch dann, wenn sich Prozesse unerwartet lang hinziehen. Halten Sie Ihr Team auf dem Laufenden.

Wertschätzung und Respekt sind keine Einbahnstraße

Für mich ist darüber hinaus die Tatsache sehr wichtig, dass Wertschätzung und Respekt keine Einbahnstraße sind! Geht man einmal aufmerksam durch Unternehmen, kann man vielfach beobachten, dass Mitarbeiter zum Rauchen in die Raucherecke gehen oder beim Mittagessen zusammensitzen und … über ihre Führungskräfte lästern. Wo bleibt also letztendlich die Wertschätzung, die man umgekehrt vom anderen erwartet?

Apropos Erwartung

Mitarbeiter erwarten erfahrungsgemäß sehr viel von der Führungskraft, das Wenigste davon kann diese selbst(-ständig) entscheiden. Denn der Entscheidungsspielraum einer Führungskraft ist deutlich geringer, als Mitarbeiter es einschätzen und darum für möglich halten. Für mich sind das zwei komplett unterschiedliche Paar Stiefel. Man kann jemanden wertschätzen, aber muss auf der Ebene der Erwartung ganz klar sagen: „Die Erwartung, die du an die Zusammenarbeit hast, die kann ich nicht erfüllen. Nicht hier in diesem Unternehmen." Dann kann es eben sein, dass der Mitarbeiter sagt: „Jetzt fühl ich mich nicht wertgeschätzt." Dabei bedeutet Wertschätzung erst einmal: Ich schätze dich als Mensch, unabhängig von Leistung, unabhängig von Entscheidungen, die du getroffen hast usw. Und Anerkennung ist: Ich erkenne die Leistung an. Zwei unterschiedliche Begriffe, die oft in einen

Topf geworfen werden, aber unbedingt getrennt voneinander betrachtet werden müssen.

Gelassenheit als Führungsprinzip

Stress gehört zum Führungsalltag. Angesichts sich schnell wandelnder Gegebenheiten ist es heute wichtiger denn je, zu wissen, wie sich mit Stress umgehen lässt. Wir müssen lernen, ihn anzunehmen und abzubauen, um nicht aus der Balance zu geraten. Wie man unter Druck ruhig bleibt, ist neben Selbstvertrauen deshalb eine der wichtigsten Eigenschaften für Führungskräfte. Denn die Fähigkeit, mit seinen Emotionen bewusst umzugehen und unter Druck gelassen zu bleiben, wirkt sich direkt auf die eigene Performance und Gesundheit aus. Forscher des US National Bureau of Economic Research fanden heraus, dass dauergestresste Topmanager schneller altern und damit auch früher sterben können. Stress trifft jedoch besonders die mittlere Führungsebene: Eine Studie der Hamburger Kühne Logistics University zu den Auswirkungen von Stress auf Führungskräfte weist nach, dass die Burn-out-Neigung in jenen Hierarchieebenen am stärksten ist, die am wenigsten Einfluss nehmen können. Mit anderen Worten: Je mehr Kontrollerleben, desto größer die Selbstwirksamkeit, also das Gefühl, den Aufgaben und Erwartungen kompetent begegnen zu können, und das Machtgefühl, also die Möglichkeit der Einflussnahme. Das reduziert Stress.

Es führen mehrere Wege zu mehr Ruhe und Gelassenheit. Hauptsache ist, man geht sie. Denn dem Druck, den wir alle hin und wieder haben, können wir oft nicht ausweichen. Und auch auf die Geschehnisse weltweit, die aus unterschiedlichen Gründen Stress verursachen, können wir nicht immer aktiv beeinflussen. Ja, wir brauchen Motivation! Vor allem, um etwas (rechtzeitig) fertigzubringen, kann manchmal ein gewisser Druck – und sei es der eigene – nichts schaden. Bevor die negativen Auswirkungen allerdings überhandnehmen und sich auf unsere körperliche und mentale Gesundheit auswirken, müssen wir etwas tun. Im Folgenden ein paar konkrete Tipps:

- Machen Sie sich zunächst immer Ihre eigenen Stärken und Fähigkeiten bewusst, erst danach beschäftigen Sie sich mit Ihren Blockaden und Schwächen (die Sie natürlich auch kennen sollten).
- Trainieren Sie Ihren Optimismus, beispielsweise indem Sie eher auf das Positive in Ihrem Leben blicken (There are so many reasens to be happy!), denn auf das Negative haben Sie oft sowieso keinen – oder nur bedingt – Einfluss.
- Sorgen Sie für Ihre Life Balance, indem Sie regelmäßig kurze Pausen im beruflichen Alltag machen und Ihren Feierabend sowie regelmäßige Auszeiten wirklich genießen.
- Lernen Sie mindestens eine Entspannungstechnik und wenden Sie diese auch an. Bauen Sie Stress durch Sport, Meditation oder Bewegung in der Natur ab.
- Klopfen Sie Ihre Thymusdrüse. Auf meinem YouTube-Kanal gibt es dazu eine weiterführende Erklärung und Übung. Machen Sie das regelmäßig zusammen mit einer positiven Affirmation, wie „Ich bleibe ruhig und gelassen", werden Sie merken, wie zugleich ein entspanntes Gefühl aufkommt und die Energie in Ihrem Körper erwacht. Dauerhaft stärken Sie dadurch übrigens auch Ihr Immunsystem.

- Visualisieren Sie Ruhebilder. Stellen Sie sich in Gedanken (Kopfkino) Ihren Lieblingsort in der Natur bzw. in den Bergen vor. Vielleicht ist es ein Garten, ein See, das leicht bewegte Meer, der Sandstrand oder Ihr letztes Urlaubsziel. Nutzen Sie dabei Ihre fünf Sinne (Sehen, Hören, Fühlen, Riechen, Schmecken). Wenn Sie zum Beispiel in Ihrer Vorstellung in einem Wald sind, versuchen Sie sich das Grün der Bäume vorzustellen, die Geräusche des Windes zu hören und den Duft der Tannennadeln zu riechen. Es kann ein reales oder konstruiertes Bild sein oder eine Mischung aus beidem.

All das stärkt Ihre Konzentration und fördert Ihren Fokus – auf mehr Ruhe und Gelassenheit im eigenen Leben und als Führungsprinzip.

Wenn das Leben von der Arbeit bestimmt wird

Zu Beginn dieses Kapitels haben wir uns schon einmal mit dem Aspekt beschäftigt, dass der Beruf nur ein Teil des Lebens ist. Hier ein gesundes Mittelmaß zu finden, ist nicht immer leicht, aber gerade hinsichtlich der Vorbildfunktion von Führungskräften zum Thema mentale Gesundheit am Arbeitsplatz enorm wichtig.

> ***Beispiel: Studie***
> *Mit dem Aspekt des „suchthaften Arbeitens" hat sich eine aktuelle Studie der Hans-Böckler-Stiftung auf Basis repräsentativer Daten von 8000 Erwerbstätigen beschäftigt: „Von suchthaftem Arbeiten Betroffene arbeiten nicht nur sehr lang, schnell und parallel an unterschiedlichen*

> *Aufgaben, sie können auch nur mit schlechtem Gewissen freinehmen und fühlen sich oft unfähig, am Feierabend abzuschalten und zu entspannen. […] Frühmorgens ins Büro und spätabends wieder raus, zu Hause noch einmal die Mails checken, einfach nicht loslassen können: Suchthaftes Arbeiten ist kein Randphänomen, das nur eine kleine Gruppe von Führungskräften betrifft. Tatsächlich sind exzessives und zwanghaftes Arbeiten in allen Erwerbstätigengruppen verbreitet. […] Der Untersuchung zufolge arbeiten 9,8 Prozent der Erwerbstätigen suchthaft. Weitere 33 Prozent arbeiten exzessiv – aber nicht zwanghaft. 54,9 Prozent der Erwerbstätigen arbeiten dagegen „gelassen". Und eine kleine Gruppe arbeitet zwar nicht viel, aber zwanghaft."*[20]

Stellt sich zurecht die Frage: „Wann werden aus engagierten Erwerbstätigen solche, deren Leben von der Arbeit dominiert wird?" Die Studie bestätigt einen statistisch höchst signifikanten Zusammenhang zwischen suchthaftem Arbeiten und Führungsverantwortung: „Führungskräfte sind zu 12,4 Prozent arbeitssüchtig, andere Erwerbstätige nur zu 8,7 Prozent. Unter den Führungskräften ist suchthaftes Arbeiten zudem umso stärker ausgeprägt, je höher die Führungsebene ist. Die obere Ebene kommt auf einen Anteil von 16,6 Prozent. In vielen Betriebskulturen werden an Führungskräfte wahrscheinlich Anforderungen gestellt, die ‚Anreize für arbeitssüchtiges Verhalten' setzen, vermuten die Wissenschaftlerinnen und der Wissenschaftler. Beispielsweise, wenn erwartet wird, dass sie als Erste kommen und als Letzte gehen."

Wir alle kennen den Begriff des Workaholics und sicher auch jemanden in unserem Umfeld, „der sich nur schwer von seiner Arbeit lösen kann, übermäßigen Genuss bei der Arbeit verspürt und sein Leben auf die Arbeit ausrichtet". Der Begriff wurde übrigens bereits 1971 geprägt, als der amerikanische Psychologe Wayne Edwards Oates sein Buch „Confessions of a Workaholic" herausbrachte. 2002 veröffentlichte Jonathan Lazear mit dem Titel „Der Mann, der seinen Beruf mit dem Leben verwechselte. Bekenntnisse eines Workaholics" seine persönlichen Erkenntnisse.

Wie immer im Leben gilt es die Balance zu finden, zwischen Begeisterung für das eigene Tun und dem Krafttanken, zwischen der beruflichen Leidenschaft und der gesunden Abgrenzung zur Arbeit.

Selbstmitgefühl als Führungskraft

Die US-amerikanische Psychologin Kristin Neff, Professorin an der Fakultät für Pädagogische Psychologie der University of Texas in Austin, die das Konzept des Selbstmitgefühls erfunden, erforscht und in verschiedenen Büchern verbreitet hat, definiert Self-Compassion wie folgt: „Selbstmitgefühl ist die Fähigkeit, sich selbst vollständig anzunehmen und sich der eigenen Person liebevoll zuzuwenden. Selbstmitgefühl beinhaltet, sich offen und wertungsfrei dem eigenen Schmerz, Fehlern und Unzulänglichkeiten zuzuwenden, so dass die eigene Erfahrung als Teil des menschlichen Lebens verstanden werden kann."

Das Konzept verbindet drei Dinge miteinander: die Freundlichkeit sich selbst gegenüber, die Verbundenheit mit anderen Menschen und eine achtsame Grundhaltung (spüren und anerkennen, was ist). Selbstmitgefühl bedeutet: Innehalten, Raum schaffen für das, was gerade ist, möglichst neugierig und aufmerksam statt be- oder abwertend. Es als menschlich erachten, Fehler zu machen, Verständnis für uns selbst haben und uns nicht permanent für unsere Unzulänglichkeiten kritisieren. Achtsames Selbstmitgefühl ermöglicht, Abstand zu gewinnen und die Situation wertfrei aus einer ausgeglichenen Perspektive zu betrachten. Fürsorge für sich selbst betreiben. Das ist nicht immer leicht. Und nur allzu oft gehen wir hart mit uns ins Gericht. Der innere Kritiker ist manchmal sehr laut, manchmal erbarmungslos: „So ein Mist! Wie konnte das nur passieren?! Das darf doch einem Profi wie mir nicht passieren!! Wie konnte ich nur so blöd sein!" Mit einem inneren Kritiker, der stattdessen ein wohlgesonnener innerer Verbündeter von uns ist, werden wir stärker und meistern leichter schwierige Zeiten und Situationen.

Seien wir also ruhig einmal etwas freundlicher zu uns selbst!

Eine achtsame Führungskraft, die sich Selbstmitgefühl entgegenbringt, wird auch jedem einzelnen Teammitglied bei Fehlern und Problemen mit Empathie begegnen.

Ein Plädoyer für den Montag

Montagmorgen, das Radio läuft. Der Moderator verkündet: „Uah, heute ist der schlimmste Tag der Woche, Leute, erst in viereinhalb Tagen heißt es wieder leben!" Es scheint, als empfände ein Großteil der Hörer seine Arbeit als Strafe. Viele Jahre hinweg ein scheinbarer Ausweg: die „Work-Life-Balance".

Scheinbar deshalb, weil der Begriff Arbeit zu einem Teil außerhalb des Lebens macht, ja beides fast zu verfeindeten Bereichen. Habe ich von dem einen zu viel, kommt das andere zu kurz. Diese kategorische Unterscheidung von Arbeit und Leben ist für mich weder nachvollziehbar noch begrüßenswert – und erst recht kein Weg zu mentaler Gesundheit.

Je mehr wir im Einklang mit dem sind, was wir tun, umso mehr gehen wir in der Tätigkeit auf, sind wir im Flow, fühlen uns nicht belastet, sondern bereichert. Leichter gesagt als getan? Ich behaupte nicht, dass man sich alles schönreden kann, aber genauso wenig muss man passiv alles ertragen. Die richtige Wahl eines erfüllenden Jobs liegt zuallererst in der Eigenverantwortung des Einzelnen. Wer eine unbefriedigende Tätigkeit ausübt, hat weit mehr Möglichkeiten, als schlicht zu jammern und dem nächsten Wochenende entgegenzufiebern.

Arbeit ist Teil des Lebens. In Anbetracht der Zeit, die viele von uns im Job verbringen, sogar ein erheblicher. Warum also sich das Leben mit einer Sichtweise erschweren, die Arbeit als Last betrachtet und „Leben" aufs Wochenende und Urlaub reduziert? Wäre es nicht viel erstrebenswerter, jeden Tag mit „Leben" zu füllen und gleichzeitig in der Arbeit persönliche Bereicherung zu finden? Zugegeben, nicht jeder Job ist erfüllend, doch auch dann hilft es wesentlich mehr, das Beste daraus zu machen, die Zeit in diesem Job als Entwicklungschance oder Bewährungsprobe zu betrachten.

Während ich den Job mit diesen Augen betrachte, kann ich die arbeitsfreie Zeit dafür nutzen, mich nach einem neuen Job umzusehen. Doch viele verharren lieber auf vertrautem, wenn auch verhasstem Boden, als neues Terrain zu betreten. Wer Eigenverantwortung übernehmen will, muss ins Tun kommen. Sind Sie bereit, über die eigenen Grenzen hinaus zu denken, Altes über Bord zu werfen, Neues auszuprobieren, alternative Lösungen zu entwickeln?

Wir bereuen am Ende unseres Lebens vor allem das, was wir nicht getan haben.

An wie vielen Dingen halten wir fest, die uns blockieren? Menschen sind Festhalter. Wollen wir wirklich am Ende unserer Tage nur auf die wenigen guten Wochenenden zurückblicken oder auf viele Wochentage, die uns mitunter forderten, aber in denen Arbeit und Leben eine Einheit bildeten, die uns glücklich machte?

Ich wünsche Ihnen von Herzen, dass Sie von sich mit voller Überzeugung einen Satz schon heute sagen können: Die beste Zeit meines Lebens ist genau jetzt – unabhängig davon, ob heute Montag, Freitag oder Sonntag ist.

Auf den Punkt gebracht

- Wir sind mehr als unsere Arbeit! Auch wenn wir leidenschaftlich und engagiert sind, gibt es ein Leben außerhalb von Beruf und Karriere. Das ist besonders deshalb wichtig, damit wir uns selbst, unsere Werte und unsere Träume nicht aus den Augen verlieren.
- Remote ist eine große Herausforderung, weil menschliche Begegnungen nur sehr reduziert stattfinden.
- Angesichts sich schnell wandelnder Gegebenheiten ist es wichtiger denn je, Stress anzunehmen und abzubauen, um persönlich nicht aus der Balance zu geraten. Gelassenheit ist dabei für alle Beteiligten oberstes Gebot!

Quellen- und Literaturverzeichnis

https://active.medicalpark.de/was-ist-neuroplastizitaet, abgerufen am 28.09.2022.

https://www.allianz.at/de_AT/blog/gesundheit-vorsorge/warum-ist-psychische-gesundheit-so-wichtig.html, abgerufen am 03.05.2022.

alverde (2022). Mai, dm-drogerie markt GmbH + Co. KG, Karlsruhe.

https://www.amazon.de/Die-Schlaf-Revolution-%C3%A4ndern-Nacht-Leben/dp/3864703891/ref=sr_1_1?__mk_de_DE=%C3%85M%C3%85%C5%BD%C3%95%C3%91&crid=2BY4ZE54EZ9AP&keywords=Schlafrevolution&qid=1664123678&qu=eyJxc2MiOiIwLjAwIiwicXNhIjoiMC4wMCIsInFzcCI6IjAuMDAifQ%3D%3D&sprefix=schlafrevolution%2Caps%2C85&sr=8-1, abgerufen am 19.09.2022.

https://www.aponet.de/artikel/malaika-mihambo-meditation-hilft-mir-mich-zu-fokussieren-27270, abgerufen am 19.09.2022.

https://www.atlasteam.de/blog/2021/06/so-steigern-sie-ihre-produktivitaet-9-neuroplastizitaetsuebungen, abgerufen am 07.06.2022.

https://www.basicthinking.de/blog/2021/08/20/lebenszeit-im-internet-deutschland-2021/, abgerufen am 18.07.2022.

Baumann, S. (2011). Psyche in Form. Sportpsychologie auf einen Blick. Meyer & Meyer Verlag, Aachen.

Baumann, S. (2015). Psychologie im Sport. Psychische Belastungen meistern. Mental trainieren. Konzentration und Motivation. Meyer & Meyer Verlag, Aachen.

https://www.bayer.com/de/news-stories/mentale-gesundheit-in-zeiten-von-covid19, abgerufen am 27.09.2022.

Bregman, Rutger (2022). Im Grunde gut. Eine neue Geschichte der Menschheit. Rowohlt, Hamburg.

https://www.die-sportpsychologen.de/2022/02/sieger-und-verlierer-unnoetige-beweise-und-das-sportpsychologische-selbstverstaendnis-unsere-rueckschau-auf-zwei-wintersport wochen-in-china/, abgerufen am 21.02.2022.

Eberspächer, H. (2007). Mentales Training. Das Handbuch für Trainer und Sportler. Copress, München.

https://www.euro.who.int/__data/assets/pdf_file/0006/404853/MNH_FactSheet_DE.pdf, abgerufen am 17.09.2022.

https://www.familienservice.de/-/warum-mentale-gesundheit-ein-thema-fur-arbeitgeber-ist-, abgerufen am 19.08.2022.

https://www.gluecksdetektiv.de/psychische-gesundheit/, abgerufen am 05.09.2022.

https://hbr.org/2015/09/make-yourself-immune-to-secondhand-stress, abgerufen am 02.08.2022.

Heimsoeth, A. (2017). Kopf gewinnt! Der Weg zu mentaler und emotionaler Führungsstärke. Springer Gabler, Wiesbaden.

Heimsoeth, A. (2018). Frauenpower: Mentale Stärke für Frauen. Springer Gabler, Wiesbaden.

Heimsoeth, A. (2018). Persönlichkeit verkauft: Mentale Stärke und Motivation im Verkauf. C.H. Beck, München.

Huffington, A. (2016). Die Schlaf-Revolution: So ändern Sie Nacht für Nacht Ihr Leben. Plassen Verlag, Kulmbach.

Huffington, A. (2022). On My Mind Newsletter, 3. April.

https://idw-online.de/de/news794424, abgerufen am 25.05.2022.

https://karrierebibel.de/empowerment/, abgerufen am 07.06.2022.

Kreyßig, N. (2022). Warum es Bullshit ist, andere ändern zu wollen. Gabal, Offenbach.

https://www.mach1-weiterbildung.de/aktuelles/details/die-positive-psychologie-und-das-perma-modell, abgerufen am 02.08.2022.

https://www.michaelpage.de/advice/management-tipps/leadership/psychische-gesundheit-5-tipps-f%C3 %BCr-mehr-wohlbefinden-am, abgerufen am 02.08.2022.

https://www.penso.ch/rubriken/gesundheit/job-stress-index-2022-weist-mehr-emotional-erschoepfte-aus/, abgerufen am 24.08.2022.

http://www.positive-psychologie.ch/?page_id=26, abgerufen am 04.10.2022.

Robert Koch-Institut (Hrsg). Psychische Gesundheit in Deutschland. Erkennen – Bewerten – Handeln Schwerpunktbericht Teil 1 Erwachsene, Berlin 2022 (Bezugsquelle: http://www.rki.de/erkennenbewertenhandeln).

Rosenheimerin, Pfingstausgabe 2022, Rosenheim.

https://www.safetyxperts.de/gesundheitsschutz/psychische-belastung/, abgerufen am 09.02.2022.

https://sedariston.de/strategie/5-saeulen-der-identitaet/ (nach Petzold HG. Integrative Therapie. Modelle, Theorien und Methoden für eine schulenübergreifende Psychotherapie. 1992; Band 2: Klinische Theorie. Paderborn).

Seligman, M. E. P. (2012). Flourish. A Visionary New Understanding of Happiness and Well-being. Atria, New York City.

https://www.startupvalley.news/de/mental-empowerment-am-arbeitsplatz/, abgerufen am 17.06.2022.

https://www.stern.de/lifestyle/leute/malaika-mihambo-meditation-und-selbstreflexion-sind-wichtig-32741436.html, abgerufen am 19.09.2022.

https://www.sueddeutsche.de/leben/natur-heilsam-medizin-medikament-nationalparks-kanada-1.5578987, abgerufen am 06.05.2022.

https://t3n.de/news/headspace-ceo-russell-glass-muss-1448994/, abgerufen am 19.09.2022.

https://www.tagesschau.de/ausland/europa/who-corona-anstieg-psychische-krankheiten-101.html, abgerufen am 17.06.2022.

https://www.tuev-verband.de/meldungen/homeoffice-psychische-gesundheit-der-beschaeftigten, abgerufen am 27.09.2022.

https://www.tz.de/sport/fc-bayern/nagelsmann-fc-bayern-muenchen-trainer-burnout-aussagen-gesundheit-91463192.html, abgerufen am 07.04.2022.

https://www.umfrage-diskriminierung.de/10-tipps-um-intuition-zu-entwickeln-und-innere-stimme-zu-horen/, abgerufen am 19.09.2022.

Wallace, S. (2011). Teaching, Tutoring and Training in the Lifelong Learning Sector. Learning Matters, London.

Endnoten

1 https://www.tagesschau.de/ausland/europa/who-corona-anstieg-psychische-krankheiten-101.html

2 https://www.penso.ch/rubriken/gesundheit/job-stress-index-2022-weist-mehr-emotional-erschoepfte-aus

3 https://www.bayer.com/de/news-stories/mentale-gesundheit-in-zeiten-von-covid19

4 © Heimsoeth Academy, Grafikerin Kerstin Diacont (alle Abbildungen im Buch)

5 https://www.allianz.at/de_AT/blog/gesundheit-vorsorge/warum-ist-psychische-gesundheit-so-wichtig.html

6 https://karrierebibel.de/empowerment/

7 https://www.startupvalley.news/de/mental-empowerment-am-arbeitsplatz/

8 https://www.basicthinking.de/blog/2021/08/20/lebenszeit-im-internet-deutschland-2021/

9 https://www.umfrage-diskriminierung.de/10-tipps-um-intuition-zu-entwickeln-und-innere-stimme-zu-horen/

10 https://hbr.org/2015/09/make-yourself-immune-to-secondhand-stress

11 https://www.stern.de/lifestyle/leute/malaika-mihambo-meditation-und-selbstreflexion-sind-wichtig-32741436.html

12 https://www.aponet.de/artikel/malaika-mihambo-meditation-hilft-mir-mich-zu-fokussieren-27270

13 https://t3n.de/news/headspace-ceo-russell-glass-muss-1448994/

14 https://www.tz.de/sport/fc-bayern/nagelsmann-fc-bayern-muenchen-trainer-burnout-aussagen-gesundheit-91463192.html

15 https://t3n.de/news/headspace-ceo-russell-glass-muss-1448994/

16 mach1, die Arbeitsgemeinschaft der Wirtschaft für berufliche Weiterbildung im Kreis Herford e. V.

17 https://active.medicalpark.de/was-ist-neuroplastizitaet

18 https://www.atlasteam.de/blog/2021/06/so-steigern-sie-ihre-produktivitaet-9-neuroplastizitaetsuebungen

19 https://www.tuev-verband.de/meldungen/homeoffice-psychische-gesundheit-der-beschaeftigten

20 https://idw-online.de/de/news794424

Stichwortverzeichnis

Abschalten 72, 76, 80
Achtsamkeit 58, 61, 79, 115
Affirmationen 24, 104 f., 107, 109
Angst 10, 15 f., 41, 66
Atmung 25, 67 f., 74
Burn-on 119
Burn-out 61 ff., 125
Dankbarkeit 50 f., 94, 109 ff.
Emotionale Intelligenz 46 ff.
Empathie 43, 48, 79, 102
Empowerment 34 f.
Entspannung 56 f., 61, 69, 77
Erschöpfung 5 f., 11, 15, 64, 84, 120
Gelassenheit 125, 127
Hoffnung 30, 32
Homeoffice 36, 73, 119 ff.
Krise 12, 14, 19, 28, 34, 89, 112, 115
Lebensfreude 21, 62
Mindset 27, 54, 96 ff.
Mitgefühl 43
Neuroplastizität 96, 99 ff.
Optimismus 113 f.
PERMA-Modell 93
Positive Psychologie 29, 91 ff., 110
Psyche 12, 18, 41, 87
Resilienz 16, 27 f., 34, 112, 114 f.
Schlaf 35, 67 ff., 76 f., 101
Schlafmangel 68
Schlafprobleme 15, 53, 61
Selbstfürsorge 115
Selbstmanagement 31, 83
Selbstmitgefühl 129 f.
Selbstreflexion 16, 60
Selbstverantwortung 35, 39
Selbstvertrauen 33, 104, 125
Selbstwert 98
Selbstwertgefühl 33, 64 ff., 110, 118
Selbstwertschätzung 123
Selbstwirksamkeit 64, 125
Spiegelneuronen 96, 102 f.
Stress 53 ff., 102 f., 119 f., 125
Traurigkeit 66, 90 ff.
Vertrauen 64 f., 102

Wertschätzung 122 ff.
Wohlbefinden 9, 13 f., 18, 27, 29, 49 ff., 61, 70, 83, 90, 92 f., 95, 118
Zufriedenheit 49 f., 61, 83, 95
Zuversicht 28, 30, 32, 92

Die Autorin

Antje Heimsoeth,
Jahrgang 1964. 2003 gründete sie als Vermessungsingenieurin ihr eigenes Unternehmen – die Heimsoeth Academy. Sie coacht und trainiert als Business-, Mental- und Performance-Coach Führungskräfte, Unternehmer, Vorstände, Politiker und Wirtschaftspersönlichkeiten. Antje Heimsoeth gehört zu den bekanntesten Mental Coaches im deutschsprachigen Raum. Ihre Erfahrung mit internationalen Konzernen, DAX-Unternehmen und traditionsreichen Mittelständlern sowie zahlreichen internationalen Spitzensportlern – in ihrem Klientenkreis befinden sich zahlreiche Olympiasieger und Weltmeister – machen sie zu einer der gefragtesten Vortragsrednerinnen auf Kongressen und Veranstaltungen in Deutschland, der Schweiz, Österreich und Luxemburg. Sie stand auf einem der berühmtesten roten Teppiche dieser Welt: Der von TED Conferences.

Mit ihrer Expertise geht sie häufig auf Sendung bei Fernsehsendern wie RTL Aktuell, n-tv, Sky, BR, nrw.tv, Hamburg1 und RFO, in Zeitungen wie F.A.Z., WELT und WELT AM SONNTAG sowie bei Radiosendern wie Bayern 3 – Frühaufdreher, Sport1, BR und ManagementRadio.

www.heimsoeth-academy.com

www.antje-heimsoeth.com

Impressum:

Verlag C. H. Beck im Internet: www.beck.de
ISBN Print: 978-3-406-79686-9
ISBN E-Book: 978-3-406-79687-6

Wilhelmstraße 9, 80801 München
Satz: Fotosatz Buck, Kumhausen
Druck und Bindung: Beltz Bad Langensalza GmbH,
Am Fliegerhorst 8, 99947 Bad Langensalza
Umschlaggestaltung: Ralph Zimmermann – Bureau Parapluie
Umschlagbild: © Gorodenkoff – depositphotos.com

chbeck.de/nachhaltig

Gedruckt auf säurefreiem, alterungsbeständigem Papier
(hergestellt aus chlorfrei gebleichtem Zellstoff)